刘宗周慎独伦理思想研究

陈睿瑜 著

湖南师范大学出版社
·长沙·

图书在版编目（CIP）数据

刘宗周慎独伦理思想研究 / 陈睿瑜著. —长沙：湖南师范大学出版社，2021.11
ISBN 978-7-5648-4015-0

Ⅰ.①刘… Ⅱ.①陈… Ⅲ.①刘宗周（1578—1645）—伦理思想—研究 Ⅳ.①B82-092

中国版本图书馆CIP数据核字（2020）第227484号

刘宗周慎独伦理思想研究
Liuzongzhou Shendu Lunli Sixiang Yanjiu

陈睿瑜　著

◇出　版　人：吴真文
◇责任编辑：孙雪姣
◇责任校对：罗雨蕾
◇出版发行：湖南师范大学出版社
　　　　　　地址/长沙市岳麓山　邮编/410081
　　　　　　电话/0731-88873071　88873070　传真/0731-88872636
　　　　　　网址/https：//press.hunnu.edu.cn
◇经销：新华书店
◇印刷：天津画中画印刷有限公司
◇开本：710 mm×1000 mm　1/16
◇印张：14
◇字数：220千字
◇版次：2021年11月第1版
◇印次：2024年8月第3次印刷
◇书号：ISBN 978-7-5648-4015-0
◇定价：50.00元

如有印装质量问题，请与承印厂调换。

序 言

中国哲学虽不是我的学术专长，但也指导过几篇相关的学位论文。陈睿瑜同学在进行博士论文选题时，坚持继续做中国传统伦理思想，我欣然同意。我指导学生，一贯尊重他们自由选择题目，因为毕竟是他们自己认真思考过的，只是提醒陈睿瑜同学，最好选做一个人物的伦理思想，这样便于把握精要，可大可小，收放自如。她最后以"刘宗周慎独伦理思想研究"为题完成博士论文，答辩时赢得了专家们的一致好评，经过几年修改之后，即将出版，可喜可贺。

刘宗周（1578—1645），是明代最后一位儒学大师，蕺山学派的创立者，也是宋明理学（心学）的殿军。他的学说推本于周敦颐，吸收程朱、陆王，但其思想与宋明先儒皆有所不同，是宋明儒学的集大成者，也是独具创新特色的大儒。大陆学者一般以王船山为儒学殿军，台湾新儒家代表多以刘宗周为儒学殿军，学理观点的不同与社会历史条件和背景息息相关。刘宗周作为儒学巨匠，仕途为官只有4年半，终生致力于挽救学术不明、时风凋敝、阳明后学流入狂禅的局面。其理论对先秦诸子、宋明先儒无不涉入，对传统儒学经典无不研究深刻，独具匠心特色。但他的思想处于变化之中，难以把握。他的学生黄宗羲曾把刘宗周对阳明之学的研究态度就概括为"三变":"始而疑,中而信,终而辨难不遗余力。"刘宗周早年极力推崇朱学,中年转而"笃信良知",晚年欲从心学中解脱,这也反映了明朝思想统治的不稳定和危机。刘宗周的著作有数百万字,今存二百余万字,对传统儒学都有深刻的梳理、总结和创新,其著作以庞杂晦涩著称。改革开放以来,思想的开放、学术的繁荣,促成两岸学者共同交流深入研究,梳理挖掘传统儒学的精华,产生了很多优秀成果。陈睿瑜选择刘宗周作为研究对象,挖掘宗周学说的伦理思想体系和精华,无疑具有重要的学术价值。

陈睿瑜于硕士、博士期间7年攻读伦理学学位,专攻中国传统伦理思想史研究。通过对刘宗周原著的深入梳理挖掘,结合宋明儒学时代背景,以宗周学说"慎独"为伦理思想的切入点,向内追根溯源至于"独",证其为纯然至善之本体,使之成为宇宙和道德人生之本体,成为人生价值的根源与依据;向外推至道德修养,以"慎独"兴天下为理论线索,以"诚意"为根基,对本体的自我把握、觉悟和回归,圆融内外论证其思想主旨。刘宗周以"慎独"功夫统领圣门一切功夫,即心即性独具特色,研究者需要深入浅出,层层把握其理论学说的内在理路和体系,要综合对比程朱陆王,甚至先秦诸子的"慎独"伦理思想才能整体把握,确有真知灼见。从道德实践层面上看,"慎独"只是一种功夫或道德修养境界,但刘宗周把"慎独"提到了无以复加的高度,认为"学问吃紧工夫,全在慎独,人能慎独,便为天地间完人"。也就是说,如何做人做事,全在于慎独的工夫,如果能慎独,就是至善至美的完人。可见,在刘宗周的思想中,慎独已经不仅仅是一种个体修为境界,而是可以贯通《大学》的八德目的重要法宝了。刘宗周说:"慎独是学问第一义。言慎独,而身、心、意、知、家、国、天下一齐俱到,故在《大学》为格物下手处,在《中庸》为上达天德统宗,彻上彻下之道也。"刘宗周通过"慎独"实现了由个体道德向社会伦理的拓展与延伸,这完全消除了我对"慎独"何以能成为概括伦理思想特色的关键词的担忧。

从全书的内容上看,作者特别注意到了刘宗周思想的集大成和"慎独"伦理思想特色,试图努力呈现一个客观深刻的刘宗周伦理思想体系,以此证明刘宗周不仅是宋明儒学的殿军,而且在道德实践中,也是知行合一的道德楷模。作者以《人谱》伦理思想的现代意义,诠释重构当代家风家训的重要性,并且在"善"与"恶"的来源,道德规范与修养方法的基础上,将刘宗周的"四句教"与"王门四句教"进行了较为深刻的对比研究,指出了刘宗周强调道德活动和道德修养都要落实到"为善去恶"的根源和方法上。同时,作者从伦理学的角度对刘宗周所处的时代、家世和学源背景及完善道德人格的方法和目的进行了较为系统的梳理。值得肯定的是,作者以"慎独"为主旨,对其后世传承蕺山慎独伦理思想作了派别的细微分析。

从整体上看,作者不但紧扣"慎独"学说的宗旨对其伦理思想进行了较全面的梳理,而且对刘宗周的伦理思想从方法上进行了挖掘,注重了纵向深入挖掘和横向理论对比,呈现了比较系统的刘宗周的伦理思想的理论构架,不愧为是十年从事伦理学研究生涯的出鞘第一剑,值得赞许。因为目前许多年轻学者,大都热衷于西学,不愿意在中国的古文字堆里吃苦,沉不下气,耐不住寂寞,作者能长期坚持做中国传统伦理思想研究,本身就非常值得肯定。当然,作者如果还能从纵向上对中国传统慎独伦理思想渊源有相对细致的考察,如果有对刘宗周慎独伦理思想的比较研究,如果有对刘宗周慎独伦理思想的更深入的理性批判,如果有对刘宗周慎独伦理思想的现代或后现代照观,并充分挖掘其现代价值,内容岂不更加丰满?喻理岂不更加深刻?我想,这不仅仅是我个人的期待,也是广大读者的期盼。

是为序!

李建华

2020 年 8 月 16 日于三思书屋

目　录

绪　论 …………………………………………………………（1）
　一、研究缘起 ………………………………………………（1）
　二、海内外研究现状 ………………………………………（4）
　三、研究意义、目的 ………………………………………（14）
第一章　刘宗周和他的时代 …………………………………（16）
　一、晚明社会剧变 …………………………………………（17）
　　1. 社会危机 ………………………………………………（17）
　　2. 明清鼎革 ………………………………………………（20）
　　3. 西学东渐 ………………………………………………（22）
　二、刘宗周生平及其著作 …………………………………（24）
　　1. 家世生平 ………………………………………………（24）
　　2. 学术师承 ………………………………………………（27）
　　3. 著作流传 ………………………………………………（29）
　三、刘宗周与晚明儒学 ……………………………………（32）
　　1. 蕺山创派 ………………………………………………（32）
　　2. 修正王学 ………………………………………………（35）
　　3. 友交东林 ………………………………………………（37）
第二章　"独体"的道德本体论 ………………………………（41）
　一、独体与性体 ……………………………………………（42）
　　1. 性之道德本体意义 ……………………………………（42）

2. 程朱性体的伦理论证 …………………………………… (44)
　　3. 刘宗周对性体的继承和改造 …………………………… (49)
二、独体与心体 ……………………………………………………… (54)
　　1. 心之道德本体意义 ……………………………………… (54)
　　2. 陆王心体的伦理论证 …………………………………… (56)
　　3. 刘宗周对心体的继承与改造 …………………………… (58)
三、心性合一为独体 ………………………………………………… (62)
　　1. 道德是吾心自然之天则 ………………………………… (62)
　　2. 性体在心体中看出 ……………………………………… (65)
　　3. 天命之性为独体 ………………………………………… (67)

第三章 "诚意"体独的道德论 ………………………………… (70)

一、"诚意"说的历史溯源 ………………………………………… (71)
　　1. "诚"和"意"的来源与内涵 ………………………… (72)
　　2. 宋明儒者对"诚意"的阐发 …………………………… (74)
　　3. "意"与"诚意"的道德意义 ………………………… (77)
二、意者心之本 ……………………………………………………… (79)
　　1. 心之主宰曰意 …………………………………………… (80)
　　2. 意为心之定盘针 ………………………………………… (82)
　　3. 有善有恶非意之动 ……………………………………… (84)
三、"八目"以"诚意"为本 ……………………………………… (87)
　　1. 致知非明德之要 ………………………………………… (87)
　　2. 正心非八目之本 ………………………………………… (90)
　　3. 诚意即为体独 …………………………………………… (92)

第四章 "慎独"的道德修养论 ………………………………… (95)

一、"慎独"说的历史演进 ………………………………………… (96)
　　1. "慎独"的释义 ………………………………………… (96)
　　2. "慎独"的传承 ………………………………………… (99)
　　3. "慎独"的修养论意义 ………………………………… (101)
二、刘宗周对"慎独"的特解 …………………………………… (103)

1. 慎独是格物第一义 ……………………………………（103）
　　2. 慎独归于知止 ……………………………………（106）
　　3. 慎独须转知为意 …………………………………（109）
三、"慎独"即"本吾独而戒惧之" ………………………（111）
　　1. 慎独即尽性之学 …………………………………（112）
　　2. 静存之外别无慎独 ………………………………（114）
　　3. 慎独即本体即功夫 ………………………………（116）

第五章　"慎独"伦理思想的构建基础——心意善恶论 ……（120）
一、善恶论的历史考察 ……………………………………（121）
　　1. 传统儒学的善恶论 ………………………………（121）
　　2. 道家的善恶论 ……………………………………（125）
　　3. 佛教的善恶论 ……………………………………（128）
二、蕺山四句教 ……………………………………………（130）
　　1. 有善有恶者心之动 ………………………………（130）
　　2. 好善恶恶者意之静 ………………………………（133）
　　3. 知善知恶者是良知 ………………………………（135）
　　4. 为善去恶者是物则 ………………………………（137）
三、迁善去恶之法 …………………………………………（139）
　　1. 主静之本 …………………………………………（140）
　　2. 治念之方 …………………………………………（143）
　　3. 却妄之法 …………………………………………（145）

第六章　"慎独"道德理想与实践——"君子"人生论 ……（148）
一、人生理想 ………………………………………………（149）
　　1. 圣人之修 …………………………………………（149）
　　2. 外王之为 …………………………………………（151）
　　3. 超越生死 …………………………………………（153）
二、君子人格 ………………………………………………（156）
　　1. 弘毅贵义 …………………………………………（157）
　　2. 操守甚严 …………………………………………（159）

3. 为民立命 ·· (161)

　二、君子之学 ·· (165)

　　1. 博学 ··· (165)

　　2. 立志 ··· (169)

第七章　刘宗周"慎独"伦理思想的历史地位及其影响 ······ (174)

　一、刘宗周"慎独"伦理思想的历史地位 ················ (175)

　　1. 宋明儒学之殿军 ·································· (175)

　　2.《人谱》的理论贡献及其历史地位 ·················· (177)

　　3. 刘宗周"慎独"伦理思想的历史局限性 ·············· (180)

　二、后世对刘宗周"慎独"思想的继承与发展 ············ (182)

　　1. 张履祥对刘宗周"慎独"思想的继承与发展 ·········· (182)

　　2. 陈确对刘宗周"慎独"思想的继承与发展 ············ (184)

　　3. 黄宗羲对刘宗周"慎独"思想的继承与发展 ·········· (187)

　三、刘宗周"慎独"伦理思想的现实意义 ················ (189)

　　1. "慎独"修养论的现实意义 ························ (189)

　　2. "诚意"自律性的现实意义 ························ (192)

参考文献 ·· (195)

后记 ·· (213)

绪　论

一、研究缘起

儒家文化是中国传统文化的主流，深深影响中国封建社会达两千余年之久。然而传统儒学随清军入关进入清朝而深受重创，中华民族文化的生命经受着时局的考验。牟宗三先生说："夫宋明儒学要是先秦儒学之嫡系，中华文化生命之纲脉。随时表而出之，是学问，亦是生命。自刘蕺山绝食而死后，此学随明亡而亦亡。"① 牟宗三先生的评价呈现了刘宗周思想在传统儒学中的主导地位。刘宗周（1578—1645）字起东，浙江山阴人，官至左都御史，其学术贡献之巨，影响之大，明末为最，被牟宗三、钱穆等称之为宋明"儒学殿军"。明清更迭之际，阳明后学流弊四起，刘宗周试图努力将流于狂禅之嫌的王门后学之流弊"救正殆尽"，承上启下开出新学说，以促使传统儒学正常发展。

刘宗周创立的蕺山学派是宋明儒学体系中的最后一个学派，他与东林巨擘高攀龙并列被称为"明季二大儒"。黄宗羲在《蕺山学案》开宗明义评价了刘宗周的学说地位："今日知学者，大概以高、刘二先生，并称为大儒，可以无疑矣。"② 刘宗周的学生和著作都很多。其孙刘士林说："执贽称

---

① 从陆象山到刘蕺山·序［M］//牟宗三. 牟宗三先生全集. 台北：台北联经出版事业股份有限公司，2003：5.
② 黄宗羲. 蕺山学派·明儒学案［M］. 北京：中华书局出版社，2008：1509.

弟子者，海内不下千人。"① 清初大儒黄宗羲、陈确、张履祥等都是其高足。刘宗周重道德践履与经世致用的思想离不开他生活的"后王阳明时代"的影响，他认为阳明后学的弊病：在实践上，忽视了道德践履，掺杂佛老近乎于异端；而理论上，义理阐发有矛盾歧义，掺杂异端邪说无异于离经叛道，"今天下争言良知矣，及其弊也，猖狂者参之以情识，而一是皆良；超洁者荡之以玄虚，而夷良于贼，亦用知者之过也"。② 刘宗周为"救正"阳明后学流弊，正本清源，力证"醇儒道统"，其思想学说有三大主要内容和特色：其思想学说主要有三大内容特色：一是诠释经典文本，梳理正统儒学。刘宗周对《四书》《易》学《三礼》等儒家元典的著述浓墨重彩，倾心力撰《圣学宗要》《孔孟合璧》《五子连珠》等著作，梳理儒学文脉，统合先秦五子与宋明五子学说之传承关联。二是融合程朱陆王，修正阳明后学。他以"独"体融合程朱性体与陆王心体之学，提出"慎独"学宗，以其统合本体功夫以解决二者工夫理路矛盾，挽救阳明后学流入狂禅。三是注重道德践履，独创《人谱》家学。他倡导"证人改过"学说力证人之所以为人，撰写了一套道德规范谱系——《人谱》作为家谱流传，对后学社约也产生了广泛影响。刘宗周不喜空谈德性，梁启超在《中国近三百年学术史》中阐述："王学在万历、天启间，几已与禅宗打成一片。东林领袖顾泾阳（宪成）、高景逸（攀龙）提倡格物，以救空谈之弊，自是第一次修正。刘蕺山（宗周）晚出，提倡慎独，以救放纵之弊，自是第二次修正。明清嬗代之际，王门下唯蕺山一派独盛，学风已渐趋健实。"③ 梁启超指出了刘宗周修正王学的"实学"倾向，从学术转型的历史发展脉络来看，刘宗周吸收统合了程朱之学，对清初学风转向朴学、实学，确有开创之功。

刘宗周著作宏富，今存两百余万字，内容复杂且晦涩，却从经典文献的精微细致的阐述中重新建构了儒学体系，在中国儒学史上有很大的贡献和影响。他开创蕺山、影响东林、辩难王学、驳斥王门后学，其子刘汋也

---

① 刘士林. 附录[M]//吴光. 刘宗周全集：第6册. 杭州：浙江古籍出版社，2007：608.
② 刘宗周. 证学杂解·解二十五[M]//吴光. 刘宗周全集：第2册. 杭州：浙江古籍出版社，2007：278.
③ 梁启超. 中国近三百年学术史（新校本）[M]. 商务印书馆，2011：53.

赞成黄宗羲认为刘宗周于阳明之学凡三变,"始疑之,中信之,终而辩难不遗余力"①的概括。刘宗周融会朱子、阳明"即心即性"的学术思想是一次学术理论的革新与重构,这对此后儒学的发展至关重要,弟子黄宗羲更是以他的思想龟鉴整个明代理学,以《蕺山学案》作为《明儒学案》的总结,奠定了其宋明儒学殿军地位。梳理刘宗周慎独伦理思想与宋明先儒及蕺山后学有关"慎独"伦理思想的传承与发展,能揭示正统儒家伦理思想的发展脉络,勾勒出明朝儒学的内在发展理路。

刘宗周的伦理思想主张把个人道德修养与道德实践相结合,其做人之方、为人之道,为个体道德在社会道德实践过程中提供道德典型和规范。周怀宇主编的《廉吏传》记载了《五起五落不易志的刘宗周》②为官清正廉洁,敢于正义直言,为民请命的事迹。刘宗周勤俭坚毅,不畏权势,刚正不阿的精神影响了大批学子门人,他身体力行"严毅精苦"堪称"一代完人"的实践精神为世人景仰。刘宗周最为看重的著作《人谱》,是3次修改历经11年完成的,其68岁绝食而死的前一个月还作了最后修改,临终前叮嘱其子刘汋,唯有《人谱》可作为家训流传,其他皆可不留。杜维明先生称,《人谱》是中国历史上一部非常有独特性的道德精神现象之原理原则的著作。其阐述的对象、内容、范围,是儒家立身成圣证人之道的生活哲学、生命哲学、人性哲学、道德哲学,浸透着深厚的儒家式生命精神、人性精神、道德精神。③刘宗周以"慎独"伦理思想倡导个体正心修身到齐家治国"一齐聚到"为主导,以期建构有别于传统儒学"慎独"之功的普遍道德价值观,对蕺山后学及士人社会道德生活的演变具有价值引导作用,产生了深远影响。

从伦理学的角度对刘宗周思想进行研究,理清他以"慎独"为宗旨的伦理思想的独特性,梳理明末清初之儒学的传承脉络,把握传统儒学的精

---

① 刘汋. 蕺山刘子年谱 [M] //吴光. 刘宗周全集:第6册. 杭州:浙江古籍出版社,2007:147.

② 周怀宇. 五起五落不易志的刘宗周·廉吏传 [M]. 河南人民出版社,1991:552-559.

③ 杜维明,东方朔. 刘宗周《人谱》的道德精神世界——杜维明教授访谈 [J]. 学术周刊,2001 (7):51-59.

神实质、理论意义和学术价值，可以在掌握刘宗周伦理思想的同时进一步了解明清易代的特殊时期社会伦理思潮的演变过程；通过揭示其以"慎独"为核心的学术宗旨，分析他的思想对传统儒学的继承与发展，能够促进我们对儒家伦理思想的精神实质的理解，更加深刻地把握儒家伦理思想传统的发展与演变。著名伦理学家罗国杰先生生前公开发表的最后一篇文章——《刘宗周"慎独"思想及其在道德修养上的重要意义》，对刘宗周"慎独"思想特色及其对当今人们进行道德修养、提高道德品质，仍然有重要的意义予以了充分肯定和深刻阐发。罗先生在文章末尾提出了对刘宗周的思想应采取"批判继承"和"古为今用"的原则以及"实事求是""辩证分析"的马克思主义态度进行研究；他进一步指出，以这样的方法论原则继承中国古代伦理思想虽然相当不易，但只有这样才能准确了解和观察古代思想家的思想和行为的社会意义，认识和体察他们所做的创造性贡献，从而才能更好地结合当今时代发展需要，进行创造性转化和创新性发展。[①] 罗先生的阐述为笔者研究刘宗周伦理思想提供了借鉴价值和方法论指导。

刘宗周的思想著作宏伟丰富，他的民族气节和道德操守更是受人敬重。对刘宗周伦理思想内容实质进行分析研究，不仅具有重要理论价值，对于我们当代社会道德秩序建设和完善也具有重要现实意义。刘宗周身体力行的儒治学说及其道德践履深远地影响了中国的传统社会和传统文化，当今仍可借鉴其慎独修身、诚意学行等方法，来加强新时代公民道德建设，为进一步提升道德修养，加大培育和践行社会主义核心价值观，构建高度发达的中国特色社会主义精神文明贡献力量。

二、海内外研究现状

对刘宗周思想研究最早的是从黄宗羲《明儒学案·蕺山学案》开始，

---

① 罗国杰. 刘宗周慎独思想及其在道德修养上的重要意义 [J]. 齐鲁学刊，2013（1）：5-9.

尤以近百年来，成果颇多。国内相关研究大致可分为4个阶段：（1）五四运动以来到20世纪70年代末：学界关注到刘宗周生平及其哲学思想的重要性，在宋明儒学中的地位等；（2）20世纪80年初到90年代末，学界逐渐侧重对刘宗周哲学思想、学术流派、理论价值和史学地位的研究；（3）新世纪前10年，成果呈现心理学、政治学、美学等多角度研究特点；（4）近10年，研究呈现学者年轻化、研究角度多样化、辐射广泛化特征。

国内学术界对刘宗周颇为丰富的研究，多数侧重于其哲学思想、学术流派和理论价值的研究，而对其哲学思想的研究主要侧重于对其思想自身逻辑分析和理论体系重构的角度加以阐述。如陈永革、李振刚、东方朔等大陆学者对刘宗周思想的研究颇深，研究内容主要包括学术渊源、学说宗旨、学派流传与著作整理等方面，充分考察了刘宗周思想体系及其历史地位。台湾方面，如古清美、李明辉、钟彩钧、张永儁等学者的研究则多数论述刘宗周的理学、心学、工夫论、慎独说等方面。现有著作和论文中，有少数学者从不同侧面与角度对刘宗周的伦理思想进行了阐发，如：蒙培元的《刘蕺山的人学思想》①、陈福滨的《刘蕺山言诚意之学及其殉节之道德实践》②、廖俊裕的《道德实践与历史性：关于蕺山学的讨论》③、张永儁《明末大儒刘宗周之人生价值观——从"敬身以孝"以释之》④、林炳文的《刘蕺山的慎独之学之研究》⑤、孙中曾的《刘宗周的道德世界》⑥、陈美玲的《刘蕺山道德抉择论研究》⑦ 等。这些篇章的立论和论述重点各有不同，对分析与总结刘宗周的伦理思想大有裨益。国外学术界对刘宗周的研究主要在日本，其他国家的学者对其研究甚少。根据陈永革的《清末以来刘宗周研究论着资料索引》和本人对刘宗周研究论文著作的收集，现将清末以

---

① 蒙培元.刘蕺山的人学思想［M］//钟彩钧.刘蕺山学术思想论集.台北："中央研究院"中国文哲研究所，1998：1-18.
② 陈福滨.晚明思想通论［M］.台北：环球书局，1983：172-191.
③ 廖俊裕.道德实践与历史性：关于蕺山学的讨论［M］.台北：花木兰文化出版社，2008.
④ 张永儁.明末大儒刘宗周之人生价值观——从"敬身以孝"以释之［J］.哲学与文化，1991（2）：142-151.
⑤ 林炳文.刘蕺山的慎独之学之研究［D］.台北：文化大学，1990.
⑥ 孙中曾.刘宗周的道德世界［D］.新竹：台湾清华大学，1990.
⑦ 陈美玲.刘蕺山道德抉择论研究［D］.新北：辅仁大学，2004.

来有关刘宗周研究的现状进行一下总结说明。

其一，研究专书类。笔者搜集了23本，其中专著14本。1931年，姚名达编纂的《刘宗周年谱》对刘宗周生平事迹、学术渊源、大事提纲等资料进行了系统的归类，使刘宗周生平和学术内容得以整体呈现，为学者们研究刘宗周提供了很好的理论依据。20世纪40年代末，唐君毅和其师熊十力关于"意"与"诚意"的辩论是因唐君毅的《泛论阳明学之分流》中蕺山之学而引起的，20多年后，唐君毅又写了"Liu Tsung-chou's Doctrine of Moral Mind and Practice and His Critique of Wang Yangming"，后被译为《刘宗周的道德心学说、实践及其对王阳明的批判》，进一步阐述他对刘宗周哲学思想的观点看法，研究透彻深刻，笔者看了颇受启发。唐君毅在著作《中国哲学原论·原教篇》和《中国哲学原论·原性篇》中对刘宗周的思想都作了阐发，肯定了刘宗周要从朱熹和阳明中走出一条路子来的学说特色，称之为"宋明儒学最后之大师"。1979年，牟宗三在其出版的《心体与性体》第四册《从陆象山到刘蕺山》的第六章"刘蕺山的慎独之学"中，对刘宗周的慎独哲学思想进行了详细分析，提出了"以心著性""归显于密"概括了刘宗周的学术思想架构特色，此书引起了学界的广泛关注，激发了后续学者的接续研究。刘宗周研究成果渐丰显著，离不开新儒家代表深入研究和极力推崇，笔者对刘宗周关注正是受之影响。20世纪80年代后对刘宗周的学术研究专著相继出版问世，著作大多从哲学思想方面对刘宗周进行了深入的研究和探讨，如东方朔的《刘蕺山哲学研究》（1997年）和《刘宗周评传》（2011年）；衷尔钜的《蕺山学派哲学思想》（1993年）；李振纲的《证人之境：刘宗周哲学的宗旨》（1998年）；黄敏浩的《刘蕺山及其慎独哲学》（2001年）；陈永革的《儒学名臣——刘宗周传》（2005年）；陈立骧的《道德实践与历史性：关于蕺山学的讨论》（2008年），胡元玲的《刘宗周慎独之学阐微》（2009年），何俊、尹晓宁的《刘宗周与蕺山学派》（2009年）；张瑞涛的《心体与工夫——刘宗周〈人谱〉哲学思想研究》（2014年），陈畅的《自然与政教：刘宗周的慎独哲学研究》（2016年），高海波的《慎独与诚意：刘蕺山哲学思想研究》（2016年），姚才刚的《大家精要·刘宗周》（2017年），刘青云的《刘宗周政治思想研究：以儒家君臣观为中心》(2019年),余群的《刘宗周思想研究》(2020年)。对刘宗周的研究越来越深入和丰富,特别是近5年,几乎每年都有研究刘宗周的专著问世。

现有研究,全面深刻地反映了刘宗周深邃庞杂的哲学思想。大多数学者从不同的角度对刘宗周及蕺山学派的哲学思想、政治思想、教育思想,乃至宋明理学由点到线进行了较为系统的论证。其中苏德用的《刘蕺山黄梨洲学案合辑》①和郑宗义的《明清儒学转型探析——从刘蕺山至戴东原》②对了解刘宗周思想和明清之际的学术走向有借鉴意义;钟彩钧主编的两岸学者汇编论文集《刘蕺山学术思想论集》一书,收集了23篇有关刘宗周学术思想的研究成果;牟宗三先生的《心体与性体》③《宋明儒学的问题与发展》④都涉及有关刘宗周哲学思想及其重要性;东方朔的《刘蕺山哲学研究》⑤对刘宗周哲学思想的研究较为严谨和全面;李振刚的《证人之境:刘宗周的哲学宗旨》⑥在刘宗周的学术思想历史定位上提出了较为独特的看法,此书在道德本体与证人道德修养工夫方面的关注和创建,对本文的资料参考有重要借鉴价值;还有东方朔与杜维明的访谈录《杜维明学术访谈录——宗周哲学之精神与儒家文化之未来》⑦,其中特别指出了《人谱》和《圣学宗要》两个文本的独创性和重要性,它们体现了刘宗周的道德精神世界和他对正统儒学精髓的总结梳理和点评;黄敏浩的《刘宗周及其慎独哲学》⑧重点讨论了刘宗周以慎独为宗旨的哲学内容,指出心宗、性宗的架构就是刘宗周慎独哲学的核心要义,还讨论了刘宗周慎独哲学的完成——

---

① 苏德用.刘蕺山黄梨洲学案合辑[M].台北:正中书局,1954.
② 郑宗义.明清儒学转型探析——从刘蕺山至戴东原[M].香港:香港中文大学出版社,2000.
③ 牟宗三.心体与性体[M].上海:上海古籍出版社,2001.
④ 牟宗三.宋明儒学的问题与发展[M].上海:华东师范大学出版社,2004.
⑤ 东方朔.刘蕺山哲学研究[M].上海:上海人民出版社,1997.
⑥ 李振纲.证人之境——刘宗周哲学的宗旨[M].北京:人民出版社,2002.
⑦ 杜维明,东方朔.杜维明学术专题访谈录——宗周哲学之精神与儒家文化之未来[M].上海:复旦大学出版社,2001.
⑧ 黄敏浩.刘宗周及其慎独哲学[M].台北:台湾学生书局印行,2001.

"诚意学说确立"的学术背景内容定位等；陈永革的《儒学名臣——刘宗周传》①梳理了宋明儒学心性本体和工夫论的主要内容，对刘宗周的"独体论""慎独之学""诚意知本之学"的学说宗旨特色及"孤忠耿耿"的道德人格进行了考据论证研究；陈立骧的《道德实践与历史性：关于蕺山学的讨论》②，将海德格尔的"历史性"概念与"道德实践"结合，论述刘宗周的道德实践学体系，学者认为刘宗周非常重视一个脱离不了具体历史失控的道德实践者的修养状况，恰好如海德格尔所讲的"历史性"概念。何俊、尹晓宁的《刘宗周与蕺山学派》③通过对刘宗周心性哲学的心理学精神分析方法的运用，窥探了其学说发展脉络和独特性，进一步分析了其学派的形成和发展，分裂与衰老；余群的《刘宗周思想研究》④在关注刘宗周思想通史，转向其美学（理学美学）的研究。心理学和美学研究方法和内容，拓展了刘宗周思想研究的思路和视角。"明亡，蕺山绝食而死，此学亦随而音歇响绝。此后，中国之民族生命与文化生命即陷于劫运，直劫运至今日而犹未已。噫！亦可伤已。"⑤牟宗三先生认为宋明理学随刘宗周绝食而亡而绝，充分肯定了其理学殿军的地位和作用，研究刘宗周思想对梳理宋明理学，洞悉传统儒学的发展脉络是很有必要的。

还有关于宋明理学、明清哲学通史、学术史、思想史，以浙东和浙江地方性学术思想为研究内容的著作等都会涉及刘宗周和蕺山学派的思想。如侯外庐、邱汉生、张岂之主编的《宋明理学史》⑥专门著有刘宗周的思想特色及其"慎独"和"诚意"理论，梳理了刘宗周思想演变过程，及其道器论和心性论等。钱穆的《宋明理学概论》⑦有关于刘宗周的专业研究，梳理了其学说地位和内容特色。张君劢的《新儒家思想史》著有"东林学派刘蕺山及四部哲学史"一章，对刘宗周与东林学派及阳明学的关系进行了

---

① 陈永革.儒学名臣——刘宗周传[M].杭州：浙江人民出版社，2005.
② 陈立骧.道德实践与历史性：关于蕺山学的讨论[M].台北：花木兰文化出版社，2008.
③ 何俊，尹晓宁.刘宗周与蕺山学派[M].北京：中国人民大学出版社，2009.
④ 余群.刘宗周思想研究[M].上海：上海人民出版社，2020：3.
⑤ 牟宗三.从陆象山到刘蕺山[M].长春：吉林出版集团有限责任公司，2010：78.
⑥ 侯外庐，邱汉生，张岂之.宋明理学史[M].北京：人民出版社，1987.
⑦ 钱穆.宋明理学概述[M].台北：学生书局，1977：416-347.

阐释梳理，论证了刘宗周的学说地位，提出了"他是明代最后一位哲学上的巨人"，"刘宗周的死，不但结束了他的个人的生命，也结束了心学中最光辉的一章"，总结其学说归宗问题"如果不将刘宗周视为反对阳明学派的人，至少也是王学的修正这，因为他希望保修王学中好的部分"。① 张学智著的《明代儒学史》② 对刘宗周的理气心性本体理论和"六事"工夫修养论特色及对传统儒学的总结作出了全面论述，对刘宗周的学生黄宗羲、陈确等人之学说传承也进行了梳理。钱穆在与梁启超同名的《中国近三百年学术史》中阐述了刘宗周的学生黄宗羲、陈确、张履祥的思想，对黄宗羲的研究甚为深入。李泽厚先生在其著作《中国古代思想史》的《宋明理学片论》中分析了刘宗周与子弟陈确的"心之本体"的分流，刘宗周、黄宗羲的民族气节、政治观念强化了伦理主体性、个体的历史责任感、道德自我意识等。李泽厚还客观分析了宋明理学留给我们的遗产的两重性，批判了刘宗周思想对人性的压制，"即使在纯理论或行动中具有优秀表现的人物（例如刘宗周），只要一翻阅他们那些涉及社会现实生活的种种议论（如刘的《人谱类记》），便怵目惊心地可以看到这些理学家们是那样的愚昧、迂腐、残忍……他们几乎无一例外地要求用等级森严、禁欲主义等等封建规范对人进行全面压制和扼禁"。③ 这样的评价对客观全面研究刘宗周及其学派思想有着重要的参考价值。目前，这些以学派为研究对象的书籍和以刘宗周及其学生为研究个体的史书，对刘宗周及其学派乃至学生代表的研究较为深刻，对本文的写作有借鉴价值。这些书籍介绍性地阐述了刘宗周及其学派的形成发展和其哲学思想及义理结构的分析，有的从心理学、社会学、美学角度进行了深入挖掘，对刘宗周伦理思想的道德修养理论及其高峻人格的道德典范和品格的研究，有待深入。

其二，研究论文共 270 篇左右。主要从慎独、心性、诚意、学派流传、学说宗旨、学术思想比较等方面进行研究、论述。如唐君毅《略述刘蕺山诚意之学》，甲凯《刘蕺山的慎独之学》，张学智《论刘蕺山慎独之学》，鲍

---

① 张君劢. 新儒家思想史 [M]. 北京：中国人民大学出版社，1987：348 - 354.
② 张学智. 中国儒学史：明代卷 [M]. 北京：北京大学出版社，2011：561 - 586.
③ 李泽厚. 中国古代思想史论 [M]. 上海：生活·读书·新知三联书店，2008：266.

博《简论刘宗周的心性思想》,蒙培元《刘宗周、陈确、黄宗羲的心性情合一说》,王瑞昌的《论刘蕺山的无善无恶思想》,杨国荣《从王阳明到刘宗周——志知之辨的历史演进》,李兵、袁建辉的《刘蕺山"中和观"探微》,张岂之《论蕺山学派思想的若干问题》,李振刚的《道德理性本体的重建——蕺山哲学论纲》、张立文的《刘宗周的慎独诚意修己之学》、罗国杰的《刘宗周的"慎独"思想及其在道德修养上的重要意义》等。这些先生学者都关注到了刘宗周"慎独"为宗旨的学说思想的学理价值和现实意义,特别是近些年来大陆学者对刘宗周思想著作给予越来越多的关注,对其研究也逐渐深入丰富,说明了近些年对刘宗周思想研究重视程度和对传统儒学研究的热情也高涨起来了。

总体看来,二十年以前台湾学者对刘宗周及其著作的研究比大陆学者的研究要丰富,《刘宗周全集》最先也是由台湾方面于1998年首次出版发行的。近十来年,大陆学者特别是江浙籍学者深入广泛系统地研究了刘宗周及其学派的哲学思想,提供了多学科研究方法丰富了刘宗周思想研究的视角。2007年由吴光主编浙江古籍出版社发行的《刘宗周全集》共6册,在台湾1998年版的基础上全面整理收录了刘宗周两百余万字的宏伟著作,给学人提供了研究刘宗周思想直接、全面且较新的参考资料;2012年,浙江古籍出版社再次出版了新版《刘宗周全集》共10册,为学者们提供了更为丰富全面的参考资料。

其三,外文著作共30余篇。国外对刘宗周的研究总体来说不算多,主要集中在日本;西方国家对刘宗周研究主要体现在华人学者在国外的研究成果,其中唐君毅、陈荣捷、杜维明等学者对刘宗周及其思想的研究和儒学的发展做出了颇多贡献。衷尔钜的著作《蕺山学派哲学思想》考证了刘宗周思想对日本阳明学派的学者产生过重大影响,如大盐平八郎(1974—1837)为救饥民,不屈自焚而死的义举,深受其信仰的刘宗周慎独学说思想"圣功"影响。还有春日潜庵(1812—1878)、池田草庵(1813—1878)和桑原忱等学者也受到了刘宗周思想的影响等。①

---

① 衷尔钜. 蕺山学派哲学思想[M]. 济南:山东教育出版社,1993:360-361.

日本学者的研究成果颇丰,具体说来有:最早出版的是桑原忱编次的《刘蕺山文钞》(1863),另有安部道明的《阳明思想の展开と刘蕺山》(1938),冈田武彦的《劉念台の誠意说》(1953)、《劉念台上許敬庵》(1974)与《劉念台の思想》(1984),山本命的《劉蕺山の儒学》(1974),松代尚江的《劉宗周の慎独説》(1989),荒木见悟的《意は心の存する所——劉念台思想の背景》(1983)、《劉宗周の慎独説》(1989),难波征男的《劉念台思想の形成——王学現成派批判に即しこ》(1975)、《劉宗周の慎独改过説》(2002)、《劉宗周と黄宗羲の証人書院》(2003)、《劉宗周の「人譜」について》(2010)、《劉宗周思想における「微(妄)」の発見》(2011)①,马渊昌也《劉宗周から陳確へ——宋明理学から清代儒教への轉換の一樣相》(2001),原信太郎《劉宗周における「改过」の實踐》(2014)②,荒木龙太郎《劉念台の王心斎格物説評価について》(2015)③,早坂俊广《劉宗周に于ける意と知:史孝復との论争から》(2018)④ 等还有一些著作篇章对刘宗周及其學派有研究,如秋月胤继《元明时代の儒教》(1928)⑤ 的第七章"劉蕺山"阐述了刘宗周的学说事迹,对朱熹和陆王学说的总结与创新;日本二松学舍大学创办的《阳明学》杂志开设的"劉念台特集号"收录了系列文章,如,中纯夫的《劉宗周の阳明学観について——书牍を中心として》等。现有日文文献,侧重了历史考据学、文献学研究视角,对儒学发展脉络有清晰的梳理,对理学有较深的剖析。整体上涉及了晚明儒家思想、刘宗周及其蕺山学派、东林学派等之间的关系研究,对刘宗周的慎独思想的传承影响也有系统梳理,虽然文献篇幅总量不

---

① 难波征男.劉宗周思想における「微(妄)」の発見[J].九州島中國學會報,2011(49):59-73.
② 原信太郎.劉宗周における「改过」の實踐[M]//早稻田大学大学院文学研究科.早稻田大学大学院文学研究科纪要:第1分册,2014:115-129.
③ 荒木龙太郎.劉念台の王心斎格物説評価について[M]//学术活动委员会.活水论文集,2015(3):196-172.
④ 早坂俊广.劉宗周に于ける意と知:史孝復との论争から[J].东洋古典学研究,2018,10(46):17-44.
⑤ 秋月胤继.元明时代の儒教[M].甲子社书房,1928,316-348.

多，但仍在不断更新，这些成果对中国学者的研究也起到一定的补充作用。

此外，还有 Man-Ho Simon Wong 的 *Liu Tsung-chou: His Doctrine of Vigilant Solitude* 等一些国外其他学者所著的较少篇章，讨论了刘宗周学术思想核心内容，能够反映出刘宗周思想在国外的一定影响，对本文的研究也有借鉴意义。

其四，学位论文共50余篇。目前，大陆有关刘宗周研究的博士论文有10余篇，其中有东方朔的《刘蕺山哲学研究》和李振纲的《证人之境：刘宗周哲学的宗旨》博士论文已修订为专著出版；王昌瑞《刘蕺山理学思想研究》1997年北京大学博士学位论文；陈畅《刘宗周性学思想研究》2000年中山大学博士学位论文；雷静《刘蕺山政治思想研究——信任品性及其制度化的分治纲领》2007年中山大学博士学位论文；张天杰《蕺山学派与明清学术转型》2012年湖南大学博士学位论文；尹文芳《蕺山学派的本体工夫思想研究》2015年湖南师范大学博士学位论文；张慕良《刘宗周慎独思想研究》2015年吉林大学博士学位论文；李丽《刘宗周"慎独"哲学研究》2016东南大学博士学位论文。硕士论文方面也有较为丰富的成果，如韩国茹《刘蕺山〈人谱〉哲学思想研究》、李红《刘宗周"诚意"道德论探析》、刘龙《刘宗周未发已发思想研究》等可作参考。

其余台湾高校博硕论文，主要涉及刘宗周的工夫论、慎独说、理学等方面内容，多重于哲学思想研究和文献梳理。其中，吴幸姬《刘蕺山的气论思想——从本体宇宙论的进路谈起》①，深入探讨了刘宗周本体论的渊源与发展；廖俊裕《道德实践与历史性：关于蕺山学的讨论》②，对刘宗周的学说渊源和特征进行了综合分析论证，认为刘宗周的思想体现了"一本而万殊，会众以合一"的学说特色；陈立骧的《刘蕺山哲学思想研究》③，较早全面探讨了刘宗周慎独、诚意哲学思想内容特色；陈美玲的《刘蕺山道

---

① 吴幸姬. 刘蕺山的气论思想——从本体宇宙论的进路谈起 [D]. 嘉义：中正大学，2001.
② 廖俊裕. 道德实践与历史性：关于蕺山学的讨论 [D]. 嘉义：中正大学，2003.
③ 陈立骧. 刘蕺山哲学思想研究 [D]. 台南：成功大学，2003.

德抉择论研究》①从多方面深入探究了刘宗周在道德实践过程中面临的困境挑战以及作出的道德判断和抉择。这几部博士论文，对于深入研究刘宗周伦理思想多有裨益。硕士学位论文有30余篇，也有许多独具创见的理论成果。如：徐成俊的《刘蕺山"慎独"说及其道德形而上学基础之研究》②，深入探讨了刘宗周以慎独为核心的理论基础；孙中曾的《刘宗周的道德世界——从经世、道德命题到道德内省的实践历程》③，以历史学的研究方式，建构刘宗周道德理论及其道德实践和精神境界；杜保瑞《刘蕺山的功夫理论与形上思想》④提出刘宗周工夫论以主静立人极、慎独和诚意为核心，分别可追溯到《太极图说》、《中庸》和《大学》的为学主旨等。还有林炳文的《刘蕺山的慎独之学之研究》⑤，刘哲浩的《刘蕺山理学思想研究——以性善、主静、慎独为主》⑥和陈玉嘉的《刘蕺山诚意之学研究》⑦等有关刘宗周道德思想的研究论文，对本文研究有一定借鉴价值。

综上所述，有关刘宗周的研究著作较为丰富，学者们主要是将刘宗周作为哲学对象进行分析、研究，宋明理学正是以哲学的思辨方法与传统儒学相结合为特色的，所以更多体现刘宗周学术思想的是他的哲学思想，及其哲学思想自身逻辑的分析与重建的问题，也有少数研究将研究者的思想置于历史的场域中结合他的行动来加以了考察。目前关于刘宗周学术思想的渊源，思想独特性，伦理内涵，对后世的影响等研究内容仍有很大研究空间，特别是将其儒学思想置于历史的大场域中，结合他的人格特征对其道德修养工夫及其理论基础的研究存在明显不足。实际上，刘宗周的哲学思想中蕴含着极为丰富的伦理道德思想，这一事实也引起部分学者的关注，从不同的角度与侧重点对宗周的伦理道德思想作了相当分量的分析与探索，

---

① 陈美玲.刘蕺山道德抉择论研究［D］.台北：辅仁大学，2004.
② 徐成俊.刘蕺山"慎独"说及其道德形而上学基础之研究［D］.台北：台湾大学，1990.
③ 孙中曾.刘宗周的道德世界［D］.新竹：台湾清华大学，1990.
④ 杜保瑞.刘蕺山的功夫理论与形上思想［D］.台北：台湾大学，1989.
⑤ 林炳文.刘蕺山的慎独之学之研究［D］.台北：文化大学，1990.
⑥ 刘哲浩.刘蕺山理学思想研究——以性善、主静、慎独为主［D］.台北：政治大学，1981.
⑦ 陈玉嘉.刘蕺山诚意之学研究［D］.嘉义：中正大学，1998.

尤其是台湾高校出现的部分博硕论文，探讨较为深刻。刘宗周为明末大儒为学界公认的学术地位毋庸置疑，但对其予以儒家千年圣学之"绝学"地位有推崇过高问题，如张立文先生所言，其学在宋明理学，特别是浙东学术史上具有重要地位作用，但并没有建构出新的哲学理论思维体系、思维方法、核心话题等。其实，刘宗周以"慎独"为宗旨、以"人学"学说为旨趣，贯通融合程朱陆王之学创立一整套《人谱》体系，更具伦理学价值，其道德工夫实践的现实意义更应关注，但目前没一本刘宗周道德伦理方面的专著成果，这与他一生挽救道德玄虚，注重道德实践，力图构建道德工夫体系的为学志向和"一代廉吏""一代完人"的道德评价不相符合。分析和总结刘宗周的道德伦理思想及其实践价值，对其传统伦理文化的精髓——"慎独"，进行现代化转化和创新性发展，还有许多研究工作待进一步展开和深入。

三、研究意义、目的

刘宗周思想承接濂洛关闽，贯穿程朱陆王，追远先秦诸子。他总结宋明儒学，修正阳明后学，辩驳佛道空虚，力证"纯儒道统"。其心意善恶论、"独"与"意"之道德本体论，为"证人"道德工夫奠定了独树一帜的理论基础。其"慎独"道德工夫融贯宋明先儒心性工夫，同时赋有道德本体意义——"即本体即工夫"别于先儒，自成体系。刘宗周不仅是一位思想家、史学家、伦理学家，更是自己理论的积极践行者，"严毅精苦"堪称"一代完人"。他的道德工夫论蕴含深厚的"慎独"修身、克己守则的修养意识，其道德修养、气节操守为世人瞻仰服膺，在明末清初改造个人思想和社会运动思潮时有重要影响，对清初学风转向有承启作用，为其后学的伦理思想、人们的道德生活、修养品质等方面提供了重要内容方法和途径，产生了广泛影响。

研究刘宗周"慎独"伦理思想，一是在理论上，从哲学伦理学的高度对刘宗周以"慎独"为宗旨和以"诚意"为根基的道德理论进行深入研究探讨，分析其伦理思想的理论独特性，从而促进对刘宗周的道德理论的深入了解，洞察明清易代的特殊时期社会伦理思潮走向。本书将充分结合两岸学者对刘宗周的研究成果和日本现有文献资料参考，从伦理学角度系统研究其"慎独"伦理思想架构及其现实意义。

二是在实践应用上，在当代学风浮躁的大环境中，大力加强社会主义精神文明建设中，重温刘宗周的"慎独"是学问第一义的道德修养论，为学子的修身之道提供了丰富有益的修养论方法。刘宗周对道德教育和政治思想的理论体系的构建，对当今社会主义核心价值观引领下的公民道德素养提升、人们的道德生活和社会主义精神文明家园的建设都有积极意义，值得对其"慎独"伦理思想体系进行现代性转化、创新性发展和运用。

第一章
刘宗周和他的时代

刘宗周生活的晚明时代是一个政治腐败、"天崩地解"的社会大动荡时期,统治风雨飘摇,朝廷名存实亡。明清之际的社会动荡,是社会思潮涌动转向的实践基础,刘宗周的学术思想体系的构建和人格精神的锤炼都与之息息相关。

一、晚明社会剧变

晚明社会危机重重，阶级和民族矛盾不断高涨，市民暴动和农民起义频繁四起，黑暗腐朽的朝廷统治日益衰败，灭亡之势不可扭转。"天崩地解"的时局下，民不堪重负，士无委以用，有志者忧心忡忡、惶惶恐恐社会的腐败与黑暗将带来毁灭性的灾难，动荡中经世致用启蒙思潮也氤氲而升。

1. 社会危机

刘宗周生活的明王朝从万历到崇祯年间，社会矛盾日益尖锐，已走向崩溃的边缘。明王朝腐朽统治到了最后岁月，皇室穷奢极欲，纵情声色，社会经济日益凋敝。神宗在位四十八年，从万历十七年起就不上朝理政，"每当天气晴和，他一高兴，就和宦官们掷银为戏"①。万历二年进士吕坤，在二十五年历刑部侍郎上疏陈述天下安危，分析了自古以来侥幸作乱的四种百姓，如皇上约束自己、爱惜百姓，损上益下，那么四方百姓都是赤子，否则都将成为敌寇和仇人。"今天下之苍生贫困可知矣。自万历十年以来，无岁不灾，催科如故。臣久为外吏，见陛下赤子冻骨无兼衣，饥肠不再食，垣舍弗蔽，占藁未完；流移日众，弃地猥多；留者输去者之粮，生者承死者之役。君门万里，孰能仰诉？今国家之财用耗竭可知矣。数年以来，寿宫之费几百万，织造之费几百万，宁夏之变几百万，黄河之溃几百万，今大工、采木费，又各几百万矣。"②吕坤从灾情、税收、军队、国防、伐木、采矿、法律等诸多方面深刻剖析社会危机四伏，提出系列时政要务的举措办法，寄希望于皇帝能励精图治，收拢人心，预防祸患。然而奏疏送入宫内并没得到答复，甚至还被弹劾利用了。熹宗在位的七年，更是以魏忠贤

---

① 黄仁宇. 万历十五年［M］. 北京：中华书局，1982：95.
② 吕坤. 列传·明史［M］. 北京：中华书局，2000：4085.

为首的宦官专政的黑暗统治时期，阉党朋比为奸，营私舞弊，纳贿自肥，无恶不作。崇祯即位后，外节俭而内多欲，并无真正励精图治之举。他把农民起义视为"心腹大患"，实行"攘外先安内"政策，逼迫贵戚大珰解囊助饷，不惜采取抄查、拷夹等手段。李岩作了一首劝赈歌曰：年来蝗旱苦频仍，嚼啮禾苗岁不登。米价升腾增数倍，黎民处处不聊生。草根木叶权充腹，儿女呱呱相向哭。釜甑尘飞囊绝烟，数日难求一餐粥。官府征粮纵虎差，豪家索债如狼豹。可怜残喘存呼吸，魂魄先归泉壤埋。骷髅遍地积如山，业重难过饥饿关。能不教人数行泪，泪洒还成点血斑。① 李自成在讨伐明朝廷的檄文中说，"臣尽营私，比党而公忠绝少。甚至贿通宫府，朝廷之威福日移"。又说："公侯皆食肉纨绔，而倚为腹心；官宦系齿糠犬豕，而借其耳目。狱囚累累，士无报礼之思；征敛重重，民有偕亡之恨。"② 这是万历以来统治腐朽、阶级矛盾日益尖锐、社会危机四伏的深刻写照。刘宗周在朝时间虽短，但他心忧江山社稷，提出了诸多执政之策，却并未被采纳。计六奇在《明季北略》中记载了刘宗周的多则上言奏请，肯定了刘氏对社会危机推断预言的准确性，"其后国事决裂，尽如宗周言"③。

"民变"，是社会转型时期难以避免的事情。万历以来的"民变"，是与风起云涌的农民起义众生随起的，万历二十四年到天启六年的三十年间，爆发了二十多起市民暴动。出任矿监税使的宦官，不仅公然抢民财，还任意逮杀人民，处置地方官吏，"矿税流毒，宇内已无尺寸净地"④。敲诈勒索、搜刮民财的刀子无孔不入，不仅货物买卖要纳税，包括舟车、庐舍，以及早晚进餐、肉食和牛骡产仔都要交税，还有门摊、商税、油布杂税等，举不胜举的繁多名目。各地还巧立名目，天津有租店，广州有珠榷，两淮有余盐，京口有供用，浙江有市舶，成都有盐茶，长江、湖口有船税，荆州有店税。民不聊生的疾苦导致万历二十七年以来，先后发生临清、苏州、景德镇等地"民变"。天启六年以颜佩韦等五人为首的苏州市民反对阉党逮

---

① 计六奇. 明季北略 [M]. 北京：中华书局，1984：652.
② 计六奇. 明季北略 [M]. 北京：中华书局，1984：427.
③ 计六奇. 明季北略 [M]. 北京：中华书局，1984：91.
④ 陈增之死 [M] //沈德符. 万历野获编：卷六. 北京：中华书局，1959：175.

捕东林人士周顺昌暴动，是市民斗争一个典型事件。市民斗争与农民起义汇成最后推翻明王朝的洪流。

起源于天启末年和崇祯初年的陕西农民起义，在李自成、张献忠领导下，席卷全国，终于在崇祯十七年（1644），由李自成率步卒四十万，马骑六十万攻入北京，最后摧毁了腐朽的朱明王朝，国内阶级矛盾尖锐化达到顶峰，整个社会危机四伏，有志之士不无忧心至极。朱明王朝是被农民起义推翻的，根本原因真的是亡于"流寇"吗？清雍正皇帝胤禛编撰的《大义觉迷录》总结了明朝的灭亡："盖有明之季，上下怠慢，政教全然荡废不举，纲纪颓然倒坠不整，内则任宦官把持国政，外则听诸藩剥削民力，荒淫纵恣，无礼无学，遂致民不聊生，奔入贼党，四起为敌。在外官兵望风而靡，所以贼得长驱，直抵京师。"① 晚明宦官专权乱政，朝纲的败坏和国力的衰落等诸多原因引发社会动乱，加之外疆少数民族的发展壮大更是累积了重重危机。

身处朝政腐败、阉党专政、人心流于放纵的黑暗社会，刘宗周仍然清正廉直，心忧天下，剖析时弊根源，敢于直谏："今天下世道交丧，士大夫绳营狗苟，不知忠孝节义为何事，平局以富贵为垄断，临难以叛逆为捷径，至于国是日嚣，人心日竞，纪纲日坏，刑政日弛，封疆日蹙，寇盗日迩。"② 刘宗周认为世道祸乱纷纷是因为人心变坏，而人心之所以变化是因为不学无术，没有严格要求自己，流于放纵。"世道之祸，酿于人心，人心之恶，以不学而进。"③ 在刘宗周看来，"国势之强弱，视人心之安否"，面对敌患，守城之要，也莫过于安民心，而欲要安民心，就要先安士新，唯有以"心"而治，以安民心、安军心、安士心、安大小臣工之心、安远近地方之心。所以，他觉得君主首先要修身正心，君正臣直才能营造良好的氛围，刘宗周在籍虽只有短短几年，陈直上疏不断，哪怕皇帝斥其"矫情厌世"

---

① 爱新觉罗·胤禛.大义觉迷录［M］.张万钧，薛予生，编译.北京：中国城市出版社，1999：75.
② 刘宗周.修举中兴第一要义疏［M］//吴光.刘宗周全集：第3册.杭州：浙江古籍出版社，2007：36.
③ 刘宗周.蕺山刘子年谱［M］//吴光.刘宗周全集：第6册.杭州：浙江古籍出版社，2007：80.

被革职为民，仍不忘其志，劝诫君主修"心"而治。这一时期的君臣关系已经扭曲，缺乏良性互动，忠言逆耳，帝王不予采纳，甚至出现冲突。孟森的《明史讲义》专撰一节谈了崇祯朝廷的用人问题：崇祯十七年，独得奸臣温体仁、周延儒二人入《奸臣传》，亦极见促亡之效。①虽然如高攀龙在无锡创"同善会"，许多民间组织成立各种学社和善行会等，积极从思想教化与劝善积德的道德实践影响了一批士人文人参与救贫济世，一定程度上在推动社会秩序的恢复与稳定中起到了缓和作用，但此时的晚明已是危机四伏、摇摇欲坠，到处充满着矛盾和冲突，不是哪一个人、哪一群人能挽救得了的，封建社会上千年的统治，始终跳不出黄炎培讲的"其兴也勃焉，其亡也忽焉"的历史周期律。

2. 明清鼎革

刘宗周生活在明清鼎革之际，政权交替的时代里战事纷纷。明王朝为了不断巩固加强统治，把军队的主要力量用于镇压各地的农民起义，使得民生更加疾苦，而对北方入侵的异族和满族贵族的对抗则没有提高警惕。与朝廷强力对抗的努尔哈赤于明万历四十四年（1616）建立后金政权韬光养晦，于万历四十六年（1618）破抚顺、清河堡。次年，辽东经杨镐统率山海关总兵杜松、辽东总兵李加柏、开原总兵马林、辽阳总兵刘綎共八万八千兵员，与努尔哈赤大战沙而浒（抚顺东八十里），明兵溃败，士卒阵亡四万五千余人，丧师大半。接着后金逼近明边墙，先后破沈阳、辽阳，近战辽河以东七十余城，后金迁都辽阳。崇祯二年（1629），金兵逼京师，袁崇焕入援，崇祯皇帝遭金反间之计，逮杀之。崇祯八年（1635），皇太极进兵鄂尔多斯，次年降朝鲜，对明朝形成半包围态势。崇祯九年（1636），皇太极称帝，改金为清。崇祯十一年（1638），清兵入关破城四十八座，直下济南，掠夺人口四十六万以还。崇祯十五年（1642），松山之战，明军大败，明宁锦防线溃败。接着，皇太极发兵南下，破城八十八座。崇祯十七年（1644），吴三桂勾结满贵族南下，共同镇压进军北京的李自成义军。在

---

① 孟森. 明史讲义 [M]. 北京：中华书局，2009：277.

东北蓄意半个世纪之久的满族贵族，在联合汉奸大地主势力进军中，血腥镇压农民起义的胜利中，浩浩荡荡进入关内，"仰承天命"代明入主中原。

明清革鼎，是历史上政权的更迭易手，国家政权从汉族大地主手中通过战争转移到了满族贵族手中，并没有改变封建社会的根本性质。政权的变化，带来了文化以及地方势力格局发生演变，特别是对于一大批严于华夷之辩的儒士们来说是一个天崩地解的刺激，激发了生活在这个时代的人们思想浓厚的民族意识和爱国情怀，有的士人文人投井自缢，有的退隐山林，有的皈依佛门，还有的坚持地下抗争誓死反清复明。在这一明清鼎革之际，士人文人庶民的身份感都发生着变化，伦理思潮和学术思想陈旧杂新，旧的社会道德与启蒙思潮风云涌动。王汎森在《清初士人的悔罪心态与消极行为——不入城、不赴讲会、不结社》文中，阐述了从城市（至少是县城）退隐至远离官府治所（地方政治中心）的乡村者颇多，出现了很多"不入城"的遗民们。① 孟森在《明史讲义》中指出："明一代士大夫之风尚最可佩，考其渊源，皆有讲学而来。凡贤士大夫无不有受学之渊源；其不肖之流，类皆不与于学派，不必大奸大恶也。"② 这些论说都深刻揭示了明清鼎革之际社会动荡朝代更迭，对士大夫学风文风和世俗精神生活世界的影响。

明朝亡国之际，皇帝急需抗敌良策，刘宗周却仍向君主进谏要行尧舜之道，以"慎独"兴王道，认为只有君主慎独修身成圣才可让天下人效仿，然而他的理论在大敌当前的动荡之时是完全不可能被接受的。因为，在皇上看来，国家生死存亡之际，朝廷最需要的是有才能的人应对外患内乱的局面，严格的道德操守不会对眼下救国有立竿见影的效果。在皇帝眼里，刘宗周虽素来清正廉洁、正直敢言，但他的思想迂腐过甚，提不出长效久安的治国良策，这也是刘宗周在官场上难以长久得志的原因之一。官场上的不得志，使刘宗周几乎将毕生时间和精力都放在了学术思想研究上，也铸就了他的巨儒地位。刘宗周力证传统儒学之道统，修正阳明后学流入空悬之流弊，绝食而

---

① 王汎森. 明末清初思想十论［M］. 上海：复旦大学出版社，2004：187-247.
② 孟森. 明史讲义［M］. 北京：中华书局，2009：215.

亡以身殉国，对转向经世致用之清学有重要影响。其蕺山学派的发展与分裂，再到清初实学兴起，是这个社会易代变动时期的一个缩影。

3. 西学东渐

晚明时期，欧洲耶稣会传教士逐渐进入中国，以宗教和科学为主的西方学术文化随之大规模输入。对于"西学"这一外来文化大规模进入中国社会的现象，明末清初的士大夫们有着不同方面和程度的强烈反应。朝中有的积极吸取接受，有的拒绝排斥。据统计，崇祯九年（1636），全国就有教徒38200人，其中一等大员有14人，进士10人，举人11人，生员300余人。① 在众多引入西学的知识分子中，最著名的是徐光启、李之藻和杨廷筠，他们三人并称为"明末中国天主教三大柱石"，刘宗周与徐光启同朝为官，都注重实践不空谈，为官清廉正义直言，但刘宗周对于西学的态度是较为保守甚至走到了徐氏对立面，这与他的成长环境、性格特征、社会影响和为学旨趣等方面都息息相关。

崇祯年间，在对当时流行的传教著作仔细研读的基础上亲身体认后，刘宗周认识到西方宗教学与传统儒学之间存在着本质差异，多次奏疏驳斥西教理论邪说，指出要警惕其惑乱人心之政治目的。利玛窦来华后的第一部著作《天主实义》，是适应儒家而排斥佛老的最典型代表作，主要的目的是传播基督教教义。为了融入中国文化，利玛窦凭借纯熟的汉语语言体系，且契合传统儒家思想，得到了很多士人学子的信奉追捧，其中众多士大夫受其影响颇深。当刘宗周看到西学在中国大肆宣扬"至表之为天学，而其教浸浸行于中国"②，尤其是看到清西教士借着西洋科学技术文化的外壳而宣扬"天主之说"的真面目时，他意识到这时的西学是一种摧毁儒学圣道、扰乱社会秩序的危险学说时内心颇为担忧。对于除佛老以外，又一西学杂糅融入中国传统儒学的现象，刘宗周愤然疾呼"今天下皆知有异端之祸，而不知异端之祸，一异端之教为之也"，称其是祸害人心的异端教说，"何

---

① 任延黎. 中国天主教基础知识[M]. 北京：宗教文化出版社，1999：176.
② 刘宗周. 辟左道以正人心疏[M]//吴光. 刘宗周全集：第3册. 杭州：浙江古籍出版社，2007：204.

谓异端之教？则佛、老而外，今所称西学者是"。① 刘宗周看破了西教之学进入中国的目的后急奏直言，全面斥逐西人和西学，奉劝皇上将汤若望等西方外来人逐出中国，"仰祈皇上将西人汤若望等立驱还海，毁其祠宇，悉令民间播其文字"②，以还传统儒学正统之位和清静之地。

　　刘宗周在认清了西学和儒学对"天"的理解上存在本质差异后作出了自己的判定，他不遗余力地对"天主之说"的西人西学予以全面揭露和痛斥。这一痛斥的理论原因，来自中西学对宇宙本体观念的认识有着本质区别。天主教最核心的教义是认为"上帝"即"天主"，是一个超自然存在的人格神，它有着无穷的力量，主宰者人的精神，指引着人的行动。而刘宗周思想理论的宇宙观，融合了程朱陆王的心性本体论，吸收的是张载的"气本论"，并不认为有一个能主宰天地万物的精神实体存在。在刘宗周看来，天即是理，理的根本则是气，认为气是万物之根本"盈天地间，一气而已矣"③。在宇宙本体论与西教存在的本质差别的分析上，刘宗周对西学深深地质疑："若天何主乎？天即理也。今以为别有一主者以生天而生人物，遂令人不识祖宗、父母，此其说讵可一日容于尧、舜之世……率天下之人而叛君父者，必此之归矣。"④ 刘宗周由从思想理论的警惕和反对西学，进一步到了反对西学技术的保守而到了自负的程度。徐光启等人上书崇祯帝，请求让传教士汤若望指导铸造西洋大炮，刘宗周则极力反对，他宣称"国之大事以仁义为本，以节制为师，不专恃一火器"，"不恃人而恃器，所以愈用兵而国威愈损"，"至汤若望，西番外夷，向来倡邪说以鼓动人心，已不容于圣世。今又创伪奇技淫巧以惑君心，其罪愈不可挽"。⑤ 由此可以看出，刘宗周力证醇儒道统，认为大国要有大国该有的威仪，他不遗余力

---

①　刘宗周. 辟左道以正人心疏 [M] //吴光. 刘宗周全集：第3册. 杭州：浙江古籍出版社，2007：204.
②　刘宗周. 辟左道以正人心疏 [M] //吴光. 刘宗周全集：第3册. 杭州：浙江古籍出版社，2007：206.
③　刘宗周. 原性 [M] //吴光. 刘宗周全集：第2册. 杭州：浙江古籍出版社，2007：280.
④　刘宗周. 辟左道以正人心疏 [M] //吴光. 刘宗周全集：第3册. 杭州：浙江古籍出版社，2007：204-205.
⑤　刘宗周.（附）召对纪事 [M] //吴光. 刘宗周全集：第3册. 杭州：浙江古籍出版社，2007：235.

挽救儒学归宗正统却没有保持住传统儒学海纳百川的包容性特征，他既容不下西学也容不下西器，深受时代和价值观的局限，也有其思想渊源和性格孤傲的原因。

刘宗周对西学排斥痛责的态度，也影响到他的弟子黄宗羲。黄宗羲深得刘宗周的学说宗旨，师承于刘宗周的理气观，对世界的本原进行理性的思考，把刘宗周"盈天地间一气"和"气即理"的宇宙本体论继承发展为"天地间只有一气充周，生人生物"① 和"理气合一"② 论。他们都认为宇宙万物的最终本原是"气"，都否定了主宰宇宙万物的精神实体"上帝"的存在，都排斥了天主教义宣扬天主至上的学说。但是，黄宗羲对天主教的排斥却是有理性思考的，他认为西学历法优于传统，但也认为西方宗教文化是邪说，他经过长期关注和研究，在一定程度上中和了徐光启信奉派和刘宗周反对派的思想，提出了独特的"中学西窃"说，较其师刘宗周学术性格而言开明一筹。学者徐海松在《论黄宗羲与徐光启和刘宗周的西学观》一文中作了深入考据分析，认为黄宗羲对待西方科学的复杂心态正反映了早期启蒙学者思想嬗变的特征。③

二、刘宗周生平及其著作

1. 家世生平

刘宗周，本名刘宪章，字宗周。因 18 岁那年出应童子试，纳卷人误以字为名而改名"宗周"，另起字"起东"。明末浙江绍兴府山阴县人（今绍兴市人），于明神宗万历六年正月十六（1578 年 3 月 4 日），出生于山阴县

---

① 刘宗周. 孟子师说·浩然章 [M]//吴光. 刘宗周全集：第5册. 杭州：浙江古籍出版社，2007：544.

② 刘宗周. 孟子师说·形色章 [M]//吴光. 刘宗周全集：第5册. 杭州：浙江古籍出版社，2007：654.

③ 徐海松. 论黄宗羲与徐光启和刘宗周的西学观 [J]. 杭州师范大学学报，1997（4）：1-7.

城水澄里。刘宗周的父亲刘坡（1548—1577，字汝峻，号秦台），年仅 30 岁因患痢疾而逝，时年其母 27 岁，怀刘宗周 5 个月。刘宗周尚未出生没能见过其父，他曾以"念台"为别号表达对父亲思念，故被尊称为"念台子"，"念台先生"，晚年更号"克念子"，以示自己励志于"治念"工夫。这一克己工夫对清朝学风和日本学术思想以及社会道德生活，都产生了一定程度的影响。

《刘宗周年谱》记载，刘宗周先世是汉代长沙王刘发之后，至宋代而有退翁先生刘礼迁居庐陵，四传而为扬州别驾刘廷玉。刘廷玉之子刘文质于元成大德年间（1297—1307）辟浙江山阴县幕，入明后，刘文质又三传而为赠兵部右侍郎刘铎，铎生济，济生概，概生烊，烊生坡，坡生宗周。所以，刘宗周是刘文质的第 11 代世孙。刘宗周的祖父刘烊（1525—1605，字仲厚，号兼峰），育有三子：长子刘坡、次子刘瑛、三子刘瓒。刘烊为了培养长子刘坡"岁延名师开塾学"，耗尽百亩田产。刘坡虽学有所成，却未及考取功名即不幸离世，刘烊中年丧偶，继而痛失爱子，历经坎坷。自此而后，迫于生计，不得已退耕至麻溪山，佐以樵渔为生计。宗周生父刘坡（字汝峻，号秦台）生于嘉靖戊申（1548），18 岁递补为会稽县儒学生。刘坡生性"矜严好礼，白昼不入闺门，即内处亦无冠履。……所御衣冠图史之类，皆有常度，无或即于亵，居恒闭户读书，目不习浮薄之态，意唯恐桡之。所交必里中长者，里中人皆爱而敬焉"①。隆庆二年（1568），刘坡娶妻章氏，生有一女，不久即因痢疾夭亡。

对刘宗周一生性情影响深远的是他的母亲章为淑。章氏生有懿质，性情淑娴，寡于言笑，深受其父（南洲公）章颖的钟爱，她 18 岁嫁给刘坡，刘坡病卒时，女儿刚满周岁，宗周尚在妊五个月，27 岁的章为淑承受丧夫之痛，备尝生存之艰，刘宗周的降生，多少抚平了章为淑的亡夫之痛，但家贫如洗难以生存，无奈之下，等到刘宗周满月后，由南洲公出面求情，把儿子抱回娘家抚养。刘宗周自幼寄养在外祖父南洲公家，少年时期，子

---

① 姚名达. 刘宗周年谱·前编［M］//吴光. 刘宗周全集：第 6 册. 杭州：浙江古籍出版社，2007：209.

孤母寡，虽依章氏以居，二位舅兄"敦手足之情，无烦孤寡以拮据"，但仍不免有仰食之嫌。所以母亲章氏勉力躬操纺织自给，以减轻两位哥哥的负担。① 刘宗周十九岁成家后，一应家务，包括侍奉母亲都有妻子承担，才减轻一点章母的疾苦。1597年，刘宗周以优异成绩参加了在杭州举行的乡试，考中了举人，4年以后，考取了进士，但因母亲去世，他没有受官。丁忧三年，至27岁才开始了他的仕途生涯，刘宗周赴京授行人司行人，此后，于天启元年（1621）任礼部主事、天启二年任光禄寺丞、天启三年任尚宝司少卿、天启四年（1624）任通政司右通政、崇祯九年（1636）任工部左侍郎、崇祯十四年任吏部左侍郎、崇祯十五年任左都御史。

《年谱》记载刘宗周："通籍四十五年，在仕仅六年有半，实立朝者四年。"② 黄宗羲在《子刘子行状》一文中也称："先生通籍四十五年，立朝仅四年，在家强半教授。"③ 清名正直、刚正不阿的刘宗周，不攀附权贵，三次遭革职为民，仍保持"进则进言，退则讲学"的高尚作风，"敝帷穿榻，瓦灶破缶，不改儒生之旧"④。崇祯十七年（1644）李自成陷京，崇祯帝自缢煤山，明室南渡，刘宗周起复原官。南明弘光元年（1645），亦即清顺治二年，清兵南下，南京破陷，福王被俘遇害；同年六月十五，杭州失守，潞王降清，刘宗周见明王朝大势已去，痛哭曰："北都之变，可以死，可以无死，以身在削籍也，而事尚有望于中兴；南都之变，祖上自弃其社稷，而逃仆在悬车，尚曰可以死可以无死，以俟继起者有君也。迨杭州失守，监国降矣。今吾越又降矣。区区老臣，尚何之乎？若曰身不在位不当与城为存亡，独不当与土为存亡乎？故相江万里所以死也，世无逃死之宰相，亦岂有逃死之御史大夫！"⑤ 二十五日，刘宗周乘小舟，言出辞祖墓，

---

① 陈永革. 入学名臣：刘宗周传[M]. 杭州：浙江人民出版社，2005：8.
② 刘宗周. 年谱[M]//吴光. 刘宗周全集：第6册. 杭州：浙江古籍出版社，2007：471.
③ 黄宗羲. 子刘子行状[M]//吴光. 刘宗周全集：第6册. 杭州：浙江古籍出版社，2007：47.
④ 黄宗羲. 子刘子行状[M]//吴光. 刘宗周全集：第6册. 杭州：浙江古籍出版社，2007：47.
⑤ 刘汋. 蕺山刘子年谱[M]//吴光. 刘宗周全集：第6册. 杭州：浙江古籍出版社，2007：168.

舟过西洋港，宗周叩头再拜，谓"老臣力不能报国，聊以一死臣谊"①，然后跳入水中，因水太浅而没能溺死；而后绝食，"前后绝食者两旬，勺水不入口者十有三日，享年六十八岁"，终以身殉国。

2. 学术师承

刘宗周7岁时开始就读村塾，事童蒙业，师事赵某。8岁师从小叔刘瓒读《论语》，小叔对宗周怜爱有加，多年后，宗周还能清晰地回忆起早年从学的情形，"宗周率教，目不转睫，日无旷课，独蒙怜爱"②。9岁时，刘宗周第三次转学，就读于外族章姓舅辈所开设的宗族学塾。10岁时，因家贫无以为继，母亲只得让他就读于自己父亲章颖开设的塾馆。章颖（南洲先生）因材施教，对刘宗周寄予了厚望。17岁时，刘宗周师从鲁念彬学习经书制艺，直到二舅赴任河南永宁知县，才回到绍兴师从鲁念彬执经的。鲁念彬有一次让刘宗周试笔，读后甚感惊讶，认为刘宗周虽是少年文章却写得老道成熟，"子年少而文如老生，非应举之宜也"③。刘宗周18岁时，出应童子试，因纳卷者误以字为名，把本名宪章更改为"宗周"，结果刘宗周被会稽知县罗相拔置为第二名，因提学官未批准而作罢。19岁，刘宗周移馆稷峰家，这年八月，刘宗周迎娶其母的族侄女章氏，因家贫不能行大礼，只能简行婚礼于章家，刘宗周自称"年十九赘余"，婚后，刘宗周白天在章稷峰家受业于师，晚上归家尚挑灯夜读。20岁中举人，4年后取得进士，因其母逝世未受官，丁忧期间感伤不已，痛定思痛写了《哀陈母节恳恩照例以伸子情以励世风揭》，杭州陈植槐为官绍兴，深为刘母品节而感动，向刘宗周介绍德清许孚远，请其为刘母撰写一篇墓表。

1603年三月，刘宗周纳执前往德清，拜望许孚远。许孚远（1535—1604，字孟仲，号敬庵，湖州德清人），他的学问出自于唐枢（一庵），而

---

① 刘汋．蕺山刘子年谱［M］//吴光．刘宗周全集：第6册．杭州：浙江古籍出版社，2007：169.

② 姚名达．刘宗周年谱［M］//吴光．刘宗周全集：第6册．杭州：浙江古籍出版社，2007：220.

③ 姚名达．刘宗周年谱［M］//吴光．刘宗周全集：第6册．杭州：浙江古籍出版社，2007：223.

唐一庵的学说则传承于湛甘泉（渃水），甘泉的学说主旨出自陈白沙（献章）。就学术的师承关系来说，刘宗周是属于与阳明学并行的陈白沙、湛甘泉一脉。刘宗周从学许师的时间不算长，但受许孚远的学说思想影响很大，他自称"平生服膺许师"。许孚远的克己为要，不空谈德性，终归于道德实践的学说方向对刘宗周"慎独"伦理思想和道德行为产生了重要的影响，以至于很多年后他还能清晰地回忆起许孚远思想对他的影响，"余年26，从德清许恭简公游，邑己问学，于今颇有朝闻之说"。这是刘宗周人生意义上的第一次独自拜师问道，此时刘宗周26岁，许孚远已是古稀老人，从历史发展的脉络来看，他的学术造诣是超过了许孚远的，黄宗羲的学术造诣也是超过了其师刘宗周的。

对于传统儒学的梳理和总结，刘宗周首要推崇的是周敦颐，并且认为二程洛学与周敦颐之间学术联系密切，但阳明心学才是影响刘宗周学术思想的最为重要之思想渊源。黄宗羲曾评述说过："盖先生于新建之学凡三变：始而疑，中而信，终而辩难不遗余力。"① 刘宗周对阳明学的研究很深，平日读《阳明先生集》分类摘要注释成《阳明传信录》三卷，首卷《语录》摘录阳明与门人弟子论学诸书，归于"学则"；第二卷录入阳明的赠遗杂著，存于"教法"一则；第三卷录入王门诸弟子口授于阳明言学、言教的内容，纳为"宗旨"一卷。刘宗周在卷首充分阐述了归纳此三卷的原因和目的，对阳明之学予以"世未有善学如先生者"，"盖自程、朱一线中绝，而后补偏救弊，契圣归宗，未有若先生之深切著明者也"的极高评价。由此看出，阳明心学影响了刘宗周的学问一生。他晚年的辩难不遗余力，为清初学思转向实学"尊朱辟王"也起到了承上启下的过渡性作用。

刘宗周吸收程朱和陆王思想，统合了程朱道德行为的自律性和陆王道德的自发性原则，将程朱性学与陆王心学融合，提出"即心即性"思想。刘宗周认为："先生（阳明）教人吃紧在去人欲存天理，进之以知行合一之说，其要归于致良知，虽累千百言，不出此三言为转注，凡以使学者截去缠绕寻向

---

① 黄宗羲. 子刘子行状 [M] //吴光. 刘宗周全集：第 6 册. 杭州：浙江古籍出版社，2007：43.

上去而已，世未有善教如先生者也，是谓教法。"① 可以看出，王阳明和刘宗周之间学术路径"心学"上的相同之处：人能致良知就能知行合一，知行合一则天理存，人欲灭。刘宗周认为"良知只是独知时"，透露了刘宗周慎独思想与王阳明良知学说之间的渊源很深。刘宗周和阳明一样关注人的心性，但与阳明认为"良知不由见闻而有"不同的是，刘宗周认为"良知不离闻见"，从良知本体的由来，可以窥见二者道德工夫必然不同。刘宗周更注重事上见闻修养心性，绝非顿悟而成。究其根源，是刘宗周和许孚远的师从关系影响了刘宗周思想的基本倾向，而这种倾向决定了刘宗周对程朱一派及陆王一派思想的取舍与统合，对王学末流之诟病勉力匡挽，思以补偏救弊。他的学说远承近接，由阳明会通程朱，追远梳理《大学》《中庸》元典，创新提出"独"和"意"的独特含义，提出诚意，归于慎独，甚至以"慎独"推出"内圣外王"之道，寄希以此恢复传统儒家的醇正道统地位，推动儒家的发展和人伦道德的昌明。

总之，刘宗周虽受教于许孚远，但他的学术思想影响力为许孚远所不及。他推崇周敦颐和程朱，与他们却有很大不同。他的心学影响源于阳明，却又由此建构了自己独特的以"慎独"为宗旨，融贯二者的"即本体即工夫""迁善改过"证人之所以为人的伦理思想体系，有重要的伦理思想价值和推动道德建设、德育培养的现实意义。

3. 著作流传

刘宗周一生讲学著述，堪称有明三百年学术的殿军人物，他的学问博大精深，于《四书》《五经》，诸子百家无不精究，皆有所论述，今人多称其学术庞杂晦涩，古奥难解。刘宗周在东林、首善、证人三大书院讲学20多年，门下有学生376人。刘宗周存世的著作宏富，今存有二百余万字，主要著作《刘子全书》有40卷，由他的学生董玚、黄宗羲编辑而成，有学术专著、奏疏、书信、序跋、传、论、议、题、揭、诗、词以及年谱、行状等，共百万

---

① 刘宗周. 阳明传信录一·小引[M]//吴光. 刘宗周全集：第5册. 杭州：浙江古籍出版社，2007：1.

余字,分为语类、文编、经术三大类。经术和语类汇辑了刘宗周生平重要著述,收有《人谱》、《学言》、《原旨》、《圣学宗要》等专著,是研究刘宗周思想和学说宗旨的重要资料,另一重要著作《刘子全书遗编》有二十四卷,体现了刘宗周思想对阳明学说的研究状况和学术研究方向,他不遗余力辩难王学,著有《阳明传信录》三卷等。刘宗周所撰书序、跋、记等也非常丰富,还有奏疏89篇,一起收录于《文编》,奏疏提出了匡救时弊、打击贪官、肃清奸佞的系列措施,也有恸哭时艰冒死陈言,推广德意,报主无能,更多的是劝君王定志、修德,认为天下治皆发端于君王心之纯,道德躬行。在一定程度上反映了刘宗周的政治伦理思想。刘宗周思想流传甚广、影响甚大,今由吴光主编的2007年版浙江古籍出版社发行的《刘宗周全集》是在《刘子全书》(道光四年重刻本)、《刘子全书遗编》(光绪十八年补刻)、《水澄刘氏家谱》(又称《刘世宗谱》,是刘宗周根据祖传谱牒资料编纂而成,原书今佚,现存乾隆间"再续后编"刻本和民国二十二年刘应桂主编续修排印本)的基础上加上新近发现的若干种刘氏著作,并附录以相关的传记资料、著述资料,在1996台湾版本的基础上重加编辑整理而成。

  刘宗周的所有著作中,他自己最看重的是《人谱》。该书三易其稿,初稿开始于明崇祯七年的八月,刘宗周57岁时;二稿改于崇祯十年,刘宗周60岁时;三稿改于清顺治二年,刘宗周68岁,六月逝世,五月才定稿。流传的《人谱》单行本多是初刻,《刘子全书》中所载系定本。《人谱》作为刘宗周晚年最后十年的倾力之作,是刘宗周"慎独"伦理思想的集中而成体系的成果。除了《人谱》之外,还有《人谱类记》二卷,分别是《体独篇》《知儿篇》《凝道篇》《考疑篇》《作圣篇》,均是集古人嘉言善行分类摘录,以不同修身境界归纳整合,且每篇前有总记、后列有条目,其间附有论断。《四库全书总目》说,"此书本为中人以下立教",也就是教人何以成为真正的人的谱系和途径方法。刘宗周以"慎独"为宗旨的《人谱》中的道德原则和修养方法体系为时人倡导学习,在德育培养上起到了积极影响和价值。作为当时学人的"人学"道德规范和引导原则,还有《证人社约言》一卷,撰有证人社诫条,证人社学檄、申言、约戒、社仪、会录等。还有《读易图说》《易衍》《周易古文抄》等。《四库全书总目》说:"宗周长于理,其学多由心得,故不尽墨守传义，其删说卦序卦杂卦三传虽本旧说，已失先儒谨严之义。至于经文序次，每以意转置，较吴澄《纂言》更为无据，亦勇于窜乱圣经矣。故其人可重，而其书终不可以训焉。"其实，刘宗周的学说理论是有其独到见解的，他的为人操守也更受人敬重，社会影响更大。

刘宗周在《圣学宗要》中诠释了周敦颐《太极图说》，张载《西铭》《东铭》，程颢《识仁说》《定性书》，朱熹《答张敬夫中和说》《答湖南诸公书》，王守仁《与陆元静良知问答》和《拔本塞源论》。刘宗周用自己的观点来解释"周程张朱王"五子，如释《太极图说》说："天地之间，一气而已，非有理而后有力，乃气立而理因之寓也。"① 刘宗周著《证学杂解》，主要阐述慎独的修养工夫理论，强调道德躬行实践，他还论述了性即气，生死观和鬼神等看法，对阳明的观点在此也有所论证性批判。刘宗周还著有《原旨》七篇文章：包括《原心》、《原性》、《原道》（上、下）、《原学》（上、中、下），这些是其本体论理论基础的重要篇章。在《中庸首章说》文中，刘宗周阐述了他的慎独学说，还提出"气质义理只是一性"，"道心人心只是一心"等观点，总结了先如学者的心性论。在《论语学案》十卷中，刘宗周详细评析了论语的各章节内容，赋予独特的解释。刘宗周特别注重回归经典的注释，《孟子师说》《曾子章句》《大学古文参疑》等，都是刘宗周追远传统儒家正统的重要著作，其中，他特别关注《大学》的论述，著有《读大学》、《大学古文参疑》、《大学古记约义》等，刘宗周去世前，是先修订了《大学参疑》，再修订《人谱》的。可以说，他的学说宗旨"慎独"的道德本体理论，一定程度上是在《大学》的基础上阐发创新而来。还有《学言》三卷是刘宗周讲学的重要语录，为他的学生姜希辙所刻，主要体现了刘宗周的"慎独"学说宗旨，及对阳明后学、佛老之说都有深入辩驳和批判《皇明道统录》一书共七卷，这一文章体裁的书写是仿朱熹《名臣言行录》而写的，首记平生行履，然后抄其语录，末尾附有个人断论，刘宗周力证醇儒道统，认为儒者多掺杂佛老，对"世推为大儒"的陈白沙也有颇多贬辞，甚至斥为"禅学"，有其独到见

---

① 刘宗周. 圣学宗要 [M] //吴光. 刘宗周全集：第2册. 杭州：浙江古籍出版社，2007：230.

解。其实，刘宗周辟佛老并非完全否定佛道义理和工夫，而是要对阳明后学本体论（工夫论理论基础）玄虚的极力修正，挽救世道偏敝，以肃纲纪、正法度、复风俗、正人心。

三、刘宗周与晚明儒学

1. 蕺山创派

明代民间讲学结社活动较为丰富，以阳明学派最具影响力。隆庆到万历初年，张居正把持朝政的时候，曾禁止士子们组织民间讲学活动。万历后期，各种类型的结社活动渐趋活跃起来，阳明后学也随之复苏于世，学术派别和思想也逐渐丰富起来。刘宗周的思想体系，受阳明心学影响极深，但他又有很多不同。所以，刘宗周创立的蕺山学派，是一个既批判程朱理学，又有别于陆王心学的独立学派体系，以黄宗羲、陈确、张履祥等大儒为中坚力量。刘宗周不仅桃李满园，且他有丰富而精湛的学术思想体系，在当时学界处于主导地位。黄宗羲对明代儒学主流发展的最后完成者刘宗周及其蕺山学派作了极高的评价，他把蕺山之学看作较为完善的正统儒学，把《蕺山学案》放在了《明儒学案》的最后压轴，认为刘宗周在竭尽全力地纠正阳明后学的狂禅流弊，为学术的发展作出了重大贡献，将刘宗周的学说视为儒学发展的最高成就："有明学术，白沙开其端，至姚江而始大明……逮及先师蕺山，学术流弊，救正殆尽。"①

很多学者也认为蕺山学派是"明代最后一个纯粹的儒学派系"②，是贯通天地人的儒家圣贤成德之学。"修德"与"讲学"，是孔子对天下士子的两大寄望，也是刘宗周讲学继承传统儒家的主要内容。刘宗周讲学的规模远远不及阳明学派，也并未以独创的一派自居，而是在不断的讲学过程中随着门徒

---

① 蕺山学案：卷六十二［M］//黄宗羲. 明儒学案. 北京：中华书局，1985：1552.
② 陈永革. 儒学名臣——刘宗周传［M］. 杭州：浙江人民出版社，2005：323.

的增多、影响力的不断加强而逐渐形成的。黄宗羲在《蕺山同志考序》中说："先生讲学二十余年,历东林、首善、证人三书院,从游者不下数百人。然当桑海之际,其高第弟子多归风节。又先生在当时,不欲以师道自居,亦未尝取从游姓氏而籍之。今先生梦奠已经一世……某尝考索至三百七十六人,尚有遗者。"① 刘宗周在蕺山讲学,学生众多,影响深远,但从来不以一个派别自称。

据其学生董玚在《蕺山弟子籍》中记载,刘宗周不同时期的从学弟子有80人,刘宗周的弟子到底有多少人,今人学者黄锡云、傅振照、张瑞涛等人先后对此作了深入研究,有据可查、有迹可寻的约240人,他们大多是浙东籍,主要来自会稽、山阴和余姚等地。其中山阴的有祁彪佳(世培)、潘集(子翔)、傅日炯(中黄)、何宏仁(仲渊)、王朝式(金如)、张峄(平子)、陈诚忭(天若)、陈尧年(敬伯)、沈兆锦(有开)、沈梦锦(予良)、赵广生(公简)、祁熊佳(文载)、秦宏祐(履思)、刘世纯(君一)、张梯(木弟)、周璿(敬可)、张应鳌(奠夫)17人,会稽的有章正宸(羽候)、王毓蓍(玄趾)、王亹(予安)、沈綵(素先)、王邵美(子玛)、王邵兰(子树)、谢毂(式臣)、陶履卓(岸生)、赵甸(禹功)、王兆修(尔吉)、王毓芝(紫眉)、陆曾晔(章之)、董玚(原名瑞生)13人,余姚的有熊汝霖(雨殷)、孙嘉绩(硕肤)、史孝咸(子虚)、史孝复(子复)、王业洵(士美)、黄宗羲(太冲)、姜希辙(二滨)、黄宗炎(晦木)、黄宗会(泽望)9人。浙西弟子有嘉善的陈龙正(几亭)、魏学濂(子一)、钱棻(仲芳),海盐的彭期生(观民)、吴繁昌(仲木),桐乡的张履祥(考夫),海宁的祝渊(开美)、陈确(乾初)、陈之问(令升),杭州的张歧然(秀初)、冯琮(俨公),平湖的沈中柱等。并另外录有"学人",宁波籍23人,绍兴籍23人,杭州籍14人,另外还有嘉善的魏允枚(交让)、魏允札(州来),长洲的周靖(敉宁),金坛的高东升(麓隐),淮安的顾諟(在瞻),长兴的丁世锡(蓼菴)6人,共计66人。② 当时,刘宗周的学生不仅布及江浙,慕名而来的拜师问道的外省学

---

① 蕺山同志考序 [M]//黄宗羲.黄宗羲全集:第11册.杭州:浙江古籍出版社,2007:57.
② 董玚.蕺山弟子籍 [M]//吴光.刘宗周全集:第6册.杭州:浙江古籍出版社,2007:614 - 616.

人也有不少，如有来自山东的叶廷秀（润山）、江西的邓履中（左之）和陕西的董标（公望）等人。

刘宗周绝食殉国后，蕺山学派的弟子们也逐渐分化，众多学生中有的殉节尽忠，有的隐居山野，有的改换门庭。"蕺山身后，弟子争其宗旨"，他的学说还没有能充分得以传承和彰显就很快分化了。牟宗三曾叹惜：在宗周绝食而死后，中华民族的命脉和中华文化的命脉都发生了危机，这一危机延续至今。① 刘宗周思想的继承主要体现在刘汋、吴蕃、张履祥、陈确和黄宗羲等人的思想上，而这些继承者却是以争论刘宗周不同学说宗旨为代表的"子刘子既没，宗旨复裂"。张履祥和吴蕃在刘宗周逝世后转向讲求"程朱正学"，他们认为刘宗周晚年不遗余力地辩难阳明及其后学正是其师之学最终倾向朱子学的重要体现，也更贴近许孚远一脉而来的克己实践工夫。陈确虽然继承了刘宗周"独"为本体的观念，却否认了《大学》和《中庸》的正当性，独树一帜。黄宗羲不满刘汋、张履祥等人对刘宗周遗著的编辑整理及删定工作，他认为刘宗周的学说就是以"慎独"为宗，并对其加以整理阐发，不遗余力地推进了蕺山学派的最终形成和发展。②

黄宗羲极力推崇刘宗周的思想学说，于1667年在刘宗周曾经讲学的蕺山证人书院与姜定庵重申师说，恢复了蕺山讲会，邀请时年75岁高龄的张应鳌（字奠夫）主持教事。黄宗羲希望以此秉承先师遗志，弘扬证人学社，继续把蕺山学说发扬光大，不遗余力地推崇师说。遗憾的是，重开蕺山讲会的五年时间，效果却不明显，"五年之中，时风众势，不闻有所鼓动"③。黄宗羲后来把证人书院移植到甬上，继续推尊刘宗周的慎独之学，为扩大了蕺山之学的影响力而努力。刘宗周门下的再传弟子邵廷采主讲姚江书院时把"立意宜诚"作为院训十则的首训，这一宗旨源自刘宗周，至此，姚江之旨与蕺山之旨合流归一。刘宗周开创的蕺山学派在中国儒学史上影响很大，成为继阳明

---

① 牟宗三. 从陆象山到刘蕺山 [M]. 长春：吉林出版集团有限责任公司，2010：2.
② 王汎森. 清初思想趋向与《刘子节要》——兼论清初蕺山学派的分裂 [J]. 台北："中央研究院"历史语言研究所集刊，1997（68）：426-431.
③ 黄宗羲. 寿张奠夫八十序 [M] //吴光. 黄宗羲全集：第10册. 杭州：浙江古籍出版社，2005：674.

姚江学派之后兴起的又一影响甚大的思想学派。刘宗周严毅、高峻的人格风范，可以说是民族文化精神和为官清正廉洁的一种象征。黄宗羲严守师说，把蕺山学派推向辉煌，可这辉煌是短暂的，最后还是被再度复振的程朱理学所淹没，随后清初学术思潮转型，蕺山学派已然退出了学术舞台。

2. 修正王学

刘宗周的"慎独"思想理论，是在晚明王阳明心学进一步禅学化的情况下，为救其弊而提出来的。阳明心学从龙溪以来至晚明，或援佛入儒，或在解释阳明的"致良知"，有的掺杂禅学，有的不讳禅学，他们之间虽然有细微的差别，但更大的共同点就是玄妙空虚而没落到实处。刘宗周曾指出："天下争言良知矣，及其弊也，猖狂者参之以情识，而一是皆良；超洁者荡之以玄虚，而夷良于贼，亦用知者之过也。"① 这种情形下的王门后学不是堕入主观臆见，就是陷进玄虚幻觉。刘宗周起初还认为这仅仅是阳明后学承传的错误，为此挽救此流弊，提出自己的"慎独"之学特解，为了使之不蹈"至良知"之玄虚，提出"独"之实体，使工夫有着落处，他把"气"引入"独"中，而理又不离气，气中有理，"独"中有气，气又在"独"中，求理也可以到"独"内之气中求得。为使"慎独"不落入"致良知"空虚的后果，他极力推崇在"独"本体论，且在"独"体内膨胀"气"，提升其实体性。在他看来，慎独就可以落到实处，可以避免"致良知"的空虚。

《传习录》包含了阳明的主要哲学思想，刘宗周致力修正阳明心学及其后学，便对王阳明的语录和论学书信的汇总之著《传习录》进行了反复深入研究。于崇祯十一年（1638年），时年61岁的刘宗周，将《传习录》加以节选，选出其中他认为最切近阳明学说的，删定为《阳明传信录》三卷，其中筛选《传习录》中卷部分内容作为《阳明传信录（一）》，在《传习录》之外收集王阳明的语录辑成《阳明传信录（二）》，将《传习录》（上、下）两卷合二为一编成《阳明传信录（三）》。他在《阳明传信录》的小引中就其写作用意

---

① 刘宗周. 圣学杂解［M］//吴光. 刘宗周全集：第2册. 杭州：浙江古籍出版社，2007：278.

有详细的说明:"暇日读阳明先生集,摘其要语,得三卷。首《语录》,录先生与门弟子论学诸书,存学则也;次《文录》,录先生赠遗杂著,存教法也;又次《传习录》,录诸门弟子所口授于先生之为言学、言教者,存宗旨也。先生之学,始出辞章,继逃佛、老,终乃求之《六经》,而一变至道,世未有善学如先生者也,是谓学则。先生教人吃紧在去人欲而存天理,进之以知行合一之说,其要归于致良知,虽累千百言,不出此三言为转注,凡以使学者截去绕寻向上去而已,世未有善教如先生者也,是谓教法。而先生之言良知也,近本之孔、孟之说,远溯之精一之传,盖自程、朱一线中绝,而后补偏救弊,契圣归宗,未有若先生之深切著明者也,是谓宗旨。则后之学先生者从可知已。不学其所悟,而学其所悔;舍天理而求良知,阴以叛孔、孟之道而不顾,又其弊也。说知说行,先后两截,言悟言参,转增学虑,吾不知补先生之道为何如?间尝求其故而不得,意者先生因病立方,时时权实互用,后人不得其解,未免转增离歧乎?宗周因於手抄之余,有可以发明先生之蕴者,借存一二管窥,以质所疑,冀得藉手以就正於有道,庶几有善学先生者出,而先生之道,传之久而无弊也。因题之曰《传信》云。"①刘宗周此段话是在明圣学之宗旨,认为阳明学说是"近本之孔、孟之说,远溯之精一之传",与程朱理学原本一脉相承,补偏救弊,有益于后世。错就错在后之学者,"不学阳明所悟,而学其所悔",正如他曾言,"今天下争言良知矣,及其弊也,猖狂者参之以情识,而一是皆良;超洁者荡之以玄虚,而夷良于贼,亦用知者之过也……又借以通佛氏之玄觉,使阳明之旨复晦"②。这里的"参之以情识"是指泰州学派,他认为泰州学派是末流驯至以满街皆圣人,浙中王畿是流于佛老而"荡之以玄虚",严毅驳斥了阳明后学"舍天理而求良知",认为阳明后学背离了王学的精神主旨,甚至"阴以叛孔、孟之道而不顾"。阳明本人虽提倡"知行合一"之旨,而王门后学却是"说知说行,先后两截,言悟言参,转增学虑",使阳明学说宗旨晦暗不明。王阳明似乎也应该负有一定的责任,因此作《阳明传信录》三卷,以申阳明之道久传而无弊,聊以修正误入歧途

---

① 刘宗周.阳明传信录[M]//吴光.刘宗周全集:第5册.杭州:浙江古籍出版社,2007:2.

② 刘宗周.证学杂解[M]//吴光.刘宗周全集:第2册.杭州:浙江古籍出版社,2007:278.

的阳明后学，以坚决反对佛老之学。为了划清王学与佛老之学，力图挽救阳明后学中"狂禅"流弊，刘宗周对王阳明学说中的"空"和"虚"作了全面修正。他还质疑了王阳明"四句教"给后学流入狂禅提供了可能条件，驳斥了王畿的"四无说"，他认为心应该是至善无恶的，反对阳明心体无善无恶论，并对王阳明的"致良知"作了独特的诠释。

梁启超在《中国近三百年学术史》中评析刘宗周的蕺山学派时，提出"慎独"思想是对阳明后学狂禅流弊的第二次修正的观点。"王学在万历、天启，几已与禅宗打成一片。东林领袖顾泾阳（宪成）、高景逸（攀龙）提倡格物，以救空谈之弊，算是第一次修正。刘蕺山（宗周）晚出，提倡慎独，以救放纵之弊，算是第二次修正。明清嬗代之际，王门下惟蕺山一派独盛，学风已渐趋健实。"①梁启超仅以姚江学派的学说主旨来评判刘宗周的为学方向，并认为刘宗周的思想学说是继东林学派之后对阳明学的第二次修正思潮，甚至把刘宗周的学说直接置于王门心学门下，成为其门下别派。实际上，梁启超对刘宗周思想的这种评判并不完全契于刘宗周思想及其蕺山学派的发展脉络。因为，刘宗周早年由"主敬"而更加贴切程朱学方向，他曾质疑阳明学有近禅之流弊，按他的学脉师承来讲则更加不属于阳明一派，其后学张履祥才会走向"尊朱辟王"的路数。通过对阳明心学的深入研究，在深入了解其学的基础上，直到中年，刘宗周才赞同阳明学的很多观点，但他对阳明作为学说宗旨的"四句教"，始终是全面辩驳的，至其晚年仍不遗余力地辩难修正阳明及其后学。所以说，梁启超直接将蕺山学派置于王门之下派别的划分，不够恰当。刘宗周晚年辩难阳明学是想在理论上彰显心（意）之道德主宰的意义，使心成为纯粹至善的道德意志。由此，刘宗周建立了一种新的"慎独"理论体系来修正阳明"良知"说流于玄虚的缺陷，寻找一个指导人行为的普遍至善的道德准则。

3. 友交东林

东林书院的创建人高攀龙和顾宪成是当时天下士大夫仰之为泰山北斗的理学巨子，刘宗周并不属于东林学派，但他对时政的看法、基本政治立场、

---

① 梁启超. 中国近三百年学术史［M］. 北京：商务印书馆，2011：53.

人格精神等方面与东林学派相应相同。刘宗周交友很慎重，他最要好的志同道合之友人属东林学派的高攀龙。

万历四十年（1612），刘宗周因人推荐，朝廷下诏恢复其行人司行人的旧职，他在北上就职途中经过无锡时拜访了高攀龙并与其切磋学问，主要就三个方面进行讨论，一是论居方寸，二是论穷理，三是论儒释异同与主敬之功。通过同高攀龙的一番学术讨论切磋，刘宗周的论学方向更加反躬近里，注重治心之功。

刘宗周不仅同东林学派人物关系密切且情深意笃，设身处地地同情他们的遭遇，冒着被治罪的危险仍多次递呈奏疏支持东林人士，劝奉皇上爱才惜将。万历四十一年（1613），针对"廷臣日趋争竞，党同伐异之风行，而人心日下，士习日险，公车之章至有以东林为语柄者"乱世黑暗的社会现象，刘宗周在奏疏中揭露现实政治的昏暗，痛斥腐败的同时，倡导重振道德，要求学者严守程朱学训，"专以道义相切磋，使之诚意正心修身"试图兴儒学以救衰世，向皇上呈递奏疏《修正学以淑人心以培养国家元气疏》，指出廷臣的黑暗腐败，对党同伐异、人心日下、士习日险的危险局面深表忧虑。刘宗周在激烈、复杂的政争局势中不畏强权，声援东林学派，他希望朝廷化偏党而归于荡平，不要以门户分邪正进行打击镇压，甚至迫害暗杀。"夫东林云者，先臣顾宪成倡道于其乡，以淑四方之学者也。从之游者，多不乏气节耿介之士。而真切学问如高攀龙、刘永澄，其最贤者。宪成之学，不苟自恕，扶危显微，屏玄黜硕，得朱子之正传……死而有申宪成之说者，其人未必皆宪成。于是东林之风概益微，而言者益得以乘之。天下无论识不识，无不攻东林，且合朝野而攻之，以为门户门户云。嗟嗟，东林果何罪哉？"① 刘宗周在奏疏中提倡顾宪成等东林人士的学问，赞赏他们的为人，以此被认为同情东林党，得罪了当朝权贵。

顾宪成、高攀龙等东林领袖的人品学问为刘宗周所赞许，他对东林党人被"合朝野而攻之"惨遭祸害的境况深表同情并主动结交。天启五年

---

① 刘宗周. 修正学以淑人心以培国家元气疏［M］//吴光. 刘宗周全集：第3册. 杭州：浙江古籍出版社，2007：19.

(1625)，刘宗周撰文哭悼惨遭迫害的东林六君子，"煌煌大明，而申学禁。学禁伊何？东林射的。二十年来，飞矢孔亟。一朝发难，忠谏骈首。诏狱株连，积尸如阜。惟公之品，冰寒玉洁。壁立千初，轰轰烈烈。蚤游梁溪，与闻正学。守学之贞，信道之卓。……是学非学，请折诸圣；是道非道，请卜诸命。致命遂志，如此而已"①。刘宗周作赋吊伤六君子（杨涟、左光斗、魏大中、袁化中、周朝瑞、顾大章）之死，深切同情诸多正直贤者的惨痛境遇，高度赞赏高攀龙等东林人士的高风亮节。

刘宗周与高攀龙等东林人物的关系密切不仅体现在人际交往上，更多的还体现在学术上的交流探讨上。刘宗周的学术思想也深受东林学派的影响，对时事政治和一些热点话题的认识与东林学派的观念比较接近。顾宪成、高攀龙等东林学者对阳明"四句教"也不遗余力辨难，特别是时人学者错会阳明之意，将其与佛氏理论作了深入比较。他们指责阳明"四句教"以心体为无善无恶只会落下一个"空"和"虚"字，心体皆空，则万事皆空，这样必然导致人们蔑视一切日用纲常伦理道德。顾宪成在其《证性编》中指出："以为心之本体原来是无善无恶也，合下便成一个空……空则一切解脱，无复挂碍。高明者人而悦之，且从而为之辞曰：理障之害甚于欲障。于是乎委实有如所云：以仁义为桎梏，以礼法为土苴，以日用为尘缘，以操持为把捉，以随事省察为逐境，以讼悔迁改为轮回，以下学上达为落阶级，以砥节砺行、独立不惧为意气用事者矣。"刘宗周也认为"无善无恶"说与佛教的"只主灵明""唯是一心"论相通，在他看来，心不是无善无恶，而应是至善无恶的，他十分赞赏顾宪成对阳明后学"无善无恶"论的批判，对阳明后学流入狂禅的局面痛心疾首。这种认识不仅是情感的认同，究其学说特色根源，是与二者的思想兼具吸收了朱学和王学有关。所以，刘宗周站在东林一边，以"王守仁之学良知也；无善无恶，其弊也，必为佛、老，顽钝而无耻……佛、老之害，自宪成而救"② 评论宪成之学匡正时弊的价值意义。刘宗周和高攀龙被

---

① 刘宗周. 吊六君子赋［M］//吴光. 刘宗周全集：第4册. 杭州：浙江古籍出版社，2007：481.

② 刘宗周. 修正学以淑人心以培国家元气疏［M］//吴光. 刘宗周全集：第3册. 杭州：浙江古籍出版社，2007：20.

时人以高刘并称,并被尊称为"明季二大儒",刘宗周不仅深受东林学派的影响,自己的思想学问也深深影响着东林学派。高攀龙代表的东林学派是以程朱学说为宗旨的,而刘宗周创立的蕺山学派更有一定上的独立性,政治、人品上二者极其相似,思想交流同多于异,学术观点上各有特色,相互评论。刘宗周认为高攀龙是东林学派中"真切学问""最贤者";高攀龙则把刘宗周归入"浙之贤者"之列,认为他"清风凛凛""如金如玉,不倚不流在"。他们的友好结交与思想交融密不可分,都是刚正不阿的士大夫又各有特点,相互影响,至诚至深,惺惺相惜。

蕺山学派与东林学派友交,学说观点大致相似,学问旨趣大致相同,深究其里却有很大差异,尤其在对彼此学说宗旨和定位上,这一点蕺山门人也作了细致探究。黄宗羲说高攀龙"一本程朱,故以格物为要",但高攀龙自认为,"才知反求诸身,是真能格物",这一点与程朱异旨。黄宗羲又说,高攀龙本欲"自别于阳明",而又提"人心明即是天理",与"阳明之致知,即是格物"① 并无区别。黄宗羲客观地看到了高攀龙基本上持程朱观点,又有调和与阳明心学分歧的倾向。蕺山学派另一传人恽仲升把高攀龙和刘宗周置于理学内部作比较,《高刘两先生正学说》云:"忠宪得之悟,其毕生黾勉,祇重修持,是以乾知统摄坤能;先师得之修,其末后归趣,亟称解悟,是以坤能证入乾知。"② 恽仲升概括他们学说一为穷理之学,得之于悟;一为主敬之学,得之于慎独。他认为二者持论虽然不同,实际上相资相契。恽仲升的概括未必是很恰当的,黄宗羲对恽仲升的评价提出了不同看法,然而恽仲升还是从他们学说"异"中看到了"同"。刘宗周赞赏高攀龙的为人和为学,但对其学思根源提出了也与朱子类似"半杂禅门"的问题。在他看来,当时的儒者大多似儒非儒,掺杂佛老,就连高攀龙、陈白沙等巨儒都如此。所以,他对传统儒学的辩难总结大多是在杂糅佛老的批判上,在此基础上探究圣人、贤人、君子之道,区分儒家思想与佛老的诸多差异,来构建"人之所以为人"的正统儒学伦理谱系。

---

① 黄宗羲. 东林学案一·明儒学案 [M]. 北京:中华书局,2008:1376.
② 黄宗羲. 蕺山学派·明儒学案 [M]. 北京:中华书局,2008:1509.

第二章
"独体"的道德本体论

刘宗周把"慎独"提到了很高的地位,在他思想体系中,"独"被赋予了本体的含义,名为"独体",视为至善之心体、世界的本原,成为宇宙人生终极的价值根源与依据。"独体",既是"心体"也是"性体"。其伦理思想中作为本体论的"独体",既有异于程朱把"性体"作为本体的伦理意义,也有异于陆王把"心体"作为本体的伦理意义,是二者的融合发挥,是统摄"本体和工夫"的"即心即性"之独体。

一、独体与性体

刘宗周把"独"提升到本体论高度，而把"慎独"说成是最重要的修养方法。什么是"独"呢？刘宗周的高足陈确发挥解释了，"独"即是本心，即是良知，是人具有的一种主观道德能力。"慎独"则是一种内省的道德修养工夫。刘宗周的"独体"道德本体论，是在综合分析程朱的性之道德本体与陆王的心之道德本体的基础上创新发展而来。

1. 性之道德本体意义

自从人类进入文明社会，道德和人伦精神总是被看作社会美好的象征，代表着良心和善，是一切美好事物的本质体现。品格、品德、德性、真善美等，都是人伦道德和精神的体现，这些美好的道德究竟从何而来是个道德本源问题。如果说人的道德行为是人们进行道德自律的结果，那么认识道德的缘起，对道德本体的探究是很有必要的。对道德本体和缘起问题的探究是构建伦理学理论体系的重要基础，对本体的探究是个哲学问题，也关乎伦理学建构的哲学基础问题。所以，传统儒学的发展，特别是到宋明理学时期，大多是从世界本原是什么说起，从本体论推演道德的起源，把本体论和道德的起源论归于一体的，在逻辑上表现为道德缘起始终在本体论的基础上展开，构成了程朱以"性（理）"或陆王以"心"为宇宙本体的本体论理论基础，宇宙本体同时又具道德本体的伦理意义。刘宗周的"慎独"伦理思想就是充分吸收了程朱对"性即理"的道德本体的伦理论证和陆王以"心"为道德本体的伦理论证而形成的。刘宗周的思想虽然是在统摄二者理论基础上形成发展的，却与二者有本质区别。他把"慎独"作为本体与工夫的统一体，提出"独体"的道德本体论，同时也是万物之本体的思想是前人所未有的。

在中国儒学发展史上，"性"的概念很早就被提出。《诗经》云："天生蒸民，有物有则，民之秉彝，好是懿德。"又说"俾尔弥尔性，似先公道矣""俾尔弥尔性,百神尔主矣""俾尔弥尔性,纯嘏尔常矣"。① 从诗人歌颂成王的德性之中,可以看出这里的"性"是与生俱来的上天赋予的一种人性的概念,只要对之加以扩充和弘扬,就可取得如先人一样的圣德和太平盛世。《左传·襄公十四年》中所说"天生民而立君,使同牧民,勿使失性"②,指出设立君主是为了管理臣民,使人民不丧失保持固有的本性,还进一步论述了上天对民众仁爱周全,不会让某一个人在人民头上任意胡为而丢弃天地赋予其作为人的本性。"天之爱民甚矣,岂其使一人肆于民上,以从其淫,而弃天地之性? 必不然矣。"③ 从这些早期的著作记载中可以看出,"性"一开始就是被看作"人性"的,是人固有的本质属性。儒家关于"性"的论述也是沿着这条思路发展的,把"性"定义为"人性"。孔子讲"性相近"与孟子讲的"人性本善"都是对人性的阐发,孟子把人性本善定义为人的本质属性,是人与其他动物的根本区别,对"性"赋予了人伦之义的伦理意蕴,具有道德本体意义。

宋明理学家对传统儒学"性"的理论进行了继承和发展,把"性"属于原来的人性,扩充到了物性,对"性"赋予普遍性意义,二程认为"性"不仅包括人性还包括物性,二程提出"天下无性外之物"的观点为后来的朱熹所继承和发展,认为"性即太极,其中含着万理",进一步说"性即理",通过对"性"概念的扩充,将之看作人和世界万物的共同本质了。从总体上讲,传统儒家思想中所说的"性"一般是被看作"人性"的,而人的形成和存在的形式都是"性"的派生,人类赖以生存的社会共同体五伦关系也是因为"性"而产生的。"性"是人类的本质属性,人伦道德都是源自"性"的。后来通过对"性"涵义的扩充发展到具有物性的意义了,而后,宋明理学家甚至把"性"作为了宇宙本体,有什么样的宇宙本体观就有什么样的道德本体论,这成了宋明理学的普遍现象。当"性"被赋予宇

---

① 卷阿·大雅 [M] //王秀梅,译注. 诗经: 下. 北京: 中华书局, 2017: 651-652.
② 襄公·十四年 [M] //郭丹,程小青,李彬原,译注. 左传. 北京: 中华书局, 2017: 1206.
③ 襄公·十四年 [M] //郭丹,程小青,李彬原,译注. 左传. 北京: 中华书局, 2017: 1207.

宙本体意义时，实际上是把人提升到了世界主体的位置，使人成为世界的中心。把人从五行之秀和宇宙精气提升到本体地位，人成为了普遍性和绝对性的精神存在，"性"也由此同时具有哲学和伦理学的双重意义。刘宗周也正是在传统儒学发展脉络之上，传承周敦颐和二程的性之道德本体到宇宙本体发展的。

2. 程朱性体的伦理论证

崇祯年间，刘宗周在京城工部任职仍潜心治学，闲暇之余会将所学心得依次记录，汇编成《独证篇》。不久被革职后，刘宗周又返回蕺山继续讲学，更加专注于体悟求证"独"之道德本体，力图以其为学说核心理清数百年的理学纷争问题。刘宗周这种努力和尝试为避免儒学旁支掺杂、回归正统作出了重要贡献。这一期间的著作，除了有对周敦颐性体思想的承接，对程朱性体和陆王心体为主的宋明儒学思想的再理解，还进一步追溯《大学》和《中庸》等儒学元典精义，逐渐建构其独特的"慎独"伦理思想体系，慎独思想成熟之时又加以诚意进行了伦理论证，提出"意"为心之未发主宰，分别与程朱和陆王为代表的性（理）学和心学，展开了深层次的对话和交锋，丰富了其道德本体论思想。他的思想既承接程朱、陆王发展脉络，却不从属于此二种派系，而是统摄二派独立发展形成的蕺山之学。在了解刘宗周思想对程朱性体理论的继承发展和改造之前，有必要先理清程朱、陆王关于性体与心体伦理论证的内涵和意义。

明道（程颢）、伊川（程颐）兄弟二人是北宋理学五子的著名代表，同张载一样是理学的奠基者，他们创立的洛学是理学的理论典型形态，作为一种时代性的主流思潮而普遍受到关注。二程的著作有《河南伊氏遗书》二十五卷、《程氏外书》十二卷、《程氏文集》十二卷、《周易程氏传》八卷、《程氏粹言》二卷等。二程构建了一个完整的理学伦理学体系，涉及领域极为广泛，主要有以"天理"为道德本体的思想、"性"与"气"兼备的二元人性论、"敬义夹持"的修养论和"明天理，灭人欲"等观念。二程把"天理"作为宇宙本体进行形而上的论证，并且将它作为道德本体，是对传统儒学的创新，认为"天理"不仅具有超越性、根本性和内在性的本体论的一般特征，而且一开始就具有鲜明的价值取向，从根本上说其价值取向是在为人提供一个安身立命之所。具体而言，是在对宇宙、人生和社会终极实在的理性追问的基础上，以确立人类的生存信念以及终极真理和终极价值，从而获得人生的最大意义。中国思想史论及人欲、人伦道德问题时都会联系到对世界本质的追寻，总是把关乎人与社会的问题置于世界总体环境中进行考虑，形成了一个整体合观的思维方式。二程对伦理问题的探讨也是沿着这一传统思路，他们的"天理"便是在此类思维方式指导下提出的，使"天理"具有伦理和哲学的双重意蕴，构成了二者的必然性联系，论证"天理"之所以是道德本体，首先因它是宇宙本体，前者只是后者的展开，后者为前者提供了本体性的内在依据。二程在论证"天理"是宇宙本体的同时也充分论证了"天理"作为绝对道德精神的存在，是统驭万物的绝对精神本体，"理"即是物之理，也是性之理和人伦之理，是道德的本根"父子君臣，天下之定理，于所逃于天地间"①。君臣父子关系都无例外地要受到理的支配，离开了"理"也就不存在伦常之道。二程认为"天下只有一个理"，人与物是一体的，人与天地万物同根同源，程颢称"混然与物同体"，宇宙本体与道德本体应该是一致的，以理为宇宙的本体也就是以理为道德的本体，世界的起源与道德的缘起应该是一回事，从而在宇宙观上推演出天理是道德本体的理论依据，对宇宙本体进行论证的同时也实现了其伦理的论证。

二程从宇宙观推演道德的缘起，可以说是贯穿了理学建构的全过程，周敦颐的人"与天地合其德，与日月合其明"是如此，张载的"民胞物与"亦是如此，二程对宇宙本体的理性追问同样如此，其出发点不是简单地回答世界是什么的问题，而是要为人类设计和描述一个安身立命的理想环境，揭示人的终极世界，使人类认识到人与自然的依存关系，保持人与自然的和谐是人生的责任和义务，人和自然的任何分裂和对立，都会极大地威胁人类的生存和发展，危及社会的稳定。"天下只有一个理"另外蕴含着当道德本体与宇宙本体融为一体时，道德具有绝对和普遍的意义，这正是提升

---

① 河南程氏遗书：卷第五［M］//程颢，程颐．二程集．北京：中华书局，1981：77．

儒家人伦道德的权威性和圣神性所必需的。二程通过对宇宙本体的理性追问，寻求其人伦道德发生的基础，从而寻求人的终极世界，把儒家人伦道德学说提升到了一个更高的理论层次，在宋明理学的伦理学思潮中影响深远。要赋予"天理"伦理意义，逻辑上就要通过一定理论环节或者中介予以伦理的论证，由此二程构建了一个颇为严密的理论系统，结成了一个以德、诚、礼、性概念为链条的道德本体论逻辑体系：通过天理与德、诚、礼、性四者关系的哲学化论证说明天理即道德本体；通过把"理"诠释为德、诚、礼、性，通过对"理"的伦理化，实现了道德本体的伦理论证，特别是关于"性"与"理"逻辑关系的论证问题开了以后"性"为道德本论的先河。二程认为"理"即是"性"。程颐说："性即理也。所谓理，性是也。天下之理，原其所自，未有不善，喜乐哀乐未发，何尝不善？发而中节，则无往而不善。"① 程颢也有类似的论述："道（理）即性也。若道外寻性，性外寻道，便不是。"二程都认为"性即理（道）"，强调性在道（理）中，不能从道外寻性，也不能离开性去寻求道，性与理（道）是不可分的统一体。这样理就被伦理化论证了，程颐说天下之理"未有不善"，天理不仅是宇宙的本体，而且是人伦道德的终极根据。这样"性"就被哲学化而提升到天理的高度具有了本体意义，奠定了宋明儒学发展的方向之一。程颐将理与性放在一起论证其伦理意蕴，正如张君劢先生在《新儒家思想史》程颐专题中讲的，"是因为程颐相信（1）人性本善；（2）所谓人性之善为构成人类道德判断中思想形式之四端所固有"②。程颐充分论证了性即理，且"性无不善"，"天下之理，原其所至，未有不善"，"性即理"是纯然至善的。

朱熹在二程提出"天理"并予以伦理论证的基础上，综合了气本论、性本论、心本论等思想，使气、性、心与"理"融为一体，对二程的理论作了新的阐发。朱熹认为，天理既是宇宙的本体也是道德的本体，有什么样的宇宙观就有什么样的人伦道德观。这与周敦颐的人伦道德观是以"太极"为本原的宇宙生存论演化出来的类似。周敦颐把"太极"作为世界本

---

① 河南程氏遗书：卷第二十二[M]//程颢，程颐．二程集．北京：中华书局，1981：292．
② 张君劢．新儒家思想史[M]．北京：中国人民大学出版社，2001：145．

原，又以"太极"作为道德本体；而张载的人伦道德思想则是建立在元气论的基础上，他把"气"认作世界的本质，但元气也是道德本体；二程把天理作为宇宙本体和道德本体的基础似乎是一脉相承的，他们把宇宙观与人伦道德观统一于"天理"，二程的天理论既是宇宙观，又是人伦道德观，实现了宇宙观和人伦道德观的合一。

朱熹极力推尊二程的天理论，并以此为基础加以融合发展，他从更高的理论层次上实现了宇宙观和道德论的统一，天理就成了道德本体。朱熹又从理、气、心、性关系上，对程颐的"性即理"作了进一步的阐发，他也把"理"作为万物之本体，超乎形器的存在，认为"天下未有无理之气，亦未有无气之理"，但从本体而言，理应在气之先，"有是理，后生是气"。于是，理为气之主、气之本，"有是理便有是气，但理是本"①。朱熹认为理是人和物的共同本质，即人性、物性是天理所命。他说："这个理在天地间时，只是善，无有不善者。生物得来，方始名曰：'性'。"② 理赋予万物以性，或者说是一切生物"所得生之理"。在人性问题上，朱熹把"性"分为"天命之性"和"气质之性"，认为"理"是先在于人的道德本体，赋予人身上就是人性，人一旦有形质，理就彰显为人的道德本性，成为人先天所有之仁、义、礼、智等"纯然至善"的德性，"性是个实理，仁义礼智皆具"③，人性之善，在于理之善，天理在天地间只是善，故性无不善。他认为，人性、物性都源自"理"，同二程一样从理论上概括出"性即理也"，且极为赞同二程的这一理论："程子'性即理也'，此说最好。今且以理言之，毕竟却无形影，只有这一个道理。在人，仁义礼智，性也。然四者有何形状，亦只是有如此道理。有如此道理，便做得许多事出来，所以能恻隐、羞恶、辞让、是非也。"④ 朱熹在此不仅推崇程子的"性即理也"最好，而且对此之好作了说明：理虽然不可感知，无形无影，只是一个抽象的本体，但它赋散于形气的人身时，便化为了人的仁、义、礼、智、信等道德品性，虽然此性也无行状，但都显示了理的精神。正是人有此理的精

---

① 黎靖德. 朱子语类：卷一 [M]. 王星贤，点校. 北京：中华书局，1986：2.
② 黎靖德. 朱子语类：卷五 [M]. 王星贤，点校. 北京：中华书局，1986：83.
③ 黎靖德. 朱子语类：卷四 [M]. 王星贤，点校. 北京：中华书局，1986：63.
④ 黎靖德. 朱子语类：卷四 [M]. 王星贤，点校. 北京：中华书局，1986：63-64.

神和理所赋予的人的道德品性，因此，人就有待人接物的言行准则，表现出同情、羞恶、辞让和是非的心理活动，表现在此心理活动指导下的道德行为。"性即理"对人如此，对物也如此，所谓"生得物来，方始名曰性"，凡是有生之物包括禽兽、昆虫、草木，都因理之赋予而有此性。"性即理也"是一个具有普遍意义的命题，人与物都如此，朱熹认为生之物皆有其性，"盖有此物，则有此性；无此物，则无此性"。① 人与物既具有共同的理，都本于理，而且也有共同的性，都是理（天）之所命，不但"理一"，而且理之于人与物"均一"，人性，物性相同。朱熹紧密联系"性即理也"，认同孟子的"性本善"观点，《孟子集注》之《告子·性犹湍水也章》明确地注道："性即天理，未有不善也。"但朱熹理解的性本善不同于孟子把性局限于人固有的性，而是包括了人性和物性的。他认为"人物性本同，只气禀异"。② 性如同日光，人物都受其普照，其区别仅仅在于程度不同而已，"性如日光，人物所受之不同"③。正因为性善是人和物的共同本性，所以朱熹称此为"理之本然"本然之性，《孟子集注》之《尽心·万物皆备于我矣章》特加注道："此言理之本然也。大则君臣父子，小则事物细致，其当然之理，无一不具于性分之内也。"他特别强调，天地间只有一个道理。性便是理。人之所以有善与不善，只缘气质之禀各有清浊。④ 由此可见，朱熹的性本善大大地扩张了孟子的性本善，赋予"性"以绝对性和普遍性意义，说明他的性本善是建立在"理一"的哲学基础上的推演，对"理"的人伦道德化，通过性与理关系的论证，实现了性之道德本体的伦理论证。朱熹还进一步以"理一分殊"来廓清物物各有一理，而总天地万物又只是一理。

总的来说，朱熹关于性之道德本体的伦理论证是对孟子性本善的扩充，结合二程"性即理也"的传承发展而来，朱熹是集大成者。程朱性之道德本体论，认为：其一，人性、物性均是一性，世界上没有无性之物。且人性、物性都受之于理，是天（理）之所命，同出一源，故人性、物性均一则性同。性即理，理是世界的本原，具有绝对性和普遍意义，由此性亦同。

---

① 黎靖德. 朱子语类：卷四 [M]. 王星贤，点校. 北京：中华书局，1986：56.
② 黎靖德. 朱子语类：卷一 [M]. 王星贤，点校. 北京：中华书局，1986：2.
③ 黎靖德. 朱子语类：卷四 [M]. 王星贤，点校. 北京：中华书局，1986：58.
④ 黎靖德. 朱子语类：卷四 [M]. 王星贤，点校. 北京：中华书局，1986：68.

性即善，人性、物性均为善。性即道德，不仅人有道德属性，物也同具。这一思想虽与张载的气本论不同，但与其"民胞物与"一致，朱熹认为人和物都有的性是天命之性，是一种本然的性，此性源自天理，不仅是宇宙本体，更是道德本体。

3. 刘宗周对性体的继承和改造

宋明儒学的发展，自周敦颐以来到王阳明，建构了一个庞大的儒学思想体系，主要有以濂学、洛学、关学、闽学、姚江之学流派。刘宗周一生为学，深浸于宋明儒学的义理道德世界，形成自己独特的道德理论体系，试图梳理宋明六百年间的学问宗旨，消解门户分歧争论，一统圣学之精神，恢复儒学之道统。根据刘宗周的分析判断，晚明学弊四起，举其要者有"姚江之后流于佛、老，东林之后渐入申、韩"，他希望择以精通元典，梳理儒学发展体系，而构建自己的思想体系，取中庸之道归复先儒之旧。故此，刘宗周主要着眼于"慎独"之学以统观宋明儒学的理论精髓，吸收程朱理和陆王的道德本体的伦理论证，继承改造融合成自己独特的独本体理论系统。

黄宗羲在《子刘子行状》中指出，刘宗周"发先儒之所以未发者"的学说特色大致有四个主要方面：一是"静存之外无动察"，二是"意为心之所存，非所发"，三是"已发未发以表里对待言，不以前后际言"，四是"太极为万物之总名"。① 这四大思想的创见都与周敦颐的思想有紧密联系。宋明儒学诸家，刘宗周最推崇周敦颐，这一点在其著作《圣学宗要》中得以明显体现。在《圣学宗要》中，刘宗周对濂溪（周敦颐）、横渠（张载）、明道（程颢）、朱子（朱熹）和阳明（王守仁）五位大儒之学作出新解，并以"慎独"统领宋明儒学的学脉，明确提出"前有五子，后有五子"的道统观念，将濂溪、横渠、明道、朱子和阳明五子，与先儒孔子、颜回、曾子、子思和孟子五子相对应，传承儒学道统。"孔孟既没千余年，有宋诸大儒起而承之，使孔、孟之道焕然复明于世，厥功伟焉。又三百余年而得阳明子，其杰然者也。夫周子，其再生之仲尼乎！明道不让颜子，横渠、

---

① 黄宗羲. 子刘子行状［M］//吴光. 刘宗周全集：第6册. 杭州：浙江古籍出版社，2007：39－42.

紫阳亦曾、思之亚,而阳明见力直追孟子。自有天地以来,前有五子,后有五子,斯道可为不孤。顾后五子书浩繁,学者多不能尽读。即读之,而于分合异同之故,亦往往囿于所见,几如泛溟渤之舟,茫然四惊,莫得其归,终亦沦胥以溺而已。呜呼!后世无知读五子书者而五子之道晦;五子之道晦,而孔、孟之道亦晦,则其所关于斯文之废兴,岂浅鲜乎?"① 按照刘宗周的观点,学者鲜有能尽读宋明大儒的著述的,即便是能尽读,也往往囿于成见,未能领会和掌握其一以贯之的真精神,而遑论先秦五子的经典。刘宗周将周敦颐比作是"再生之仲尼",《年谱》记载称:"《圣学宗要》大约以'主静立极'一语为宗,而其余诸子,俱要归于此。"② "主静立极",出自濂溪最重要的著述《太极图说》而来,此书对刘宗周思想体系的整体构建,产生了重要影响。刘宗周不仅在《圣学宗要》中将《太极图说》置于首位,而且他最看中的著作《人谱》的结构内容都是参仿濂溪的《太极图》和《太极图说》而来,从他撰写的《人极图说》结构形式与内容,也可见周敦颐对刘宗周影响至深。

刘宗周以"慎独"伦理思想为核心,以孔孟之道为根本,以学说要旨为主线,对宋明儒学思想的"仁学""道统"的学说内容和思想地位进行了深刻总结。他提出"慎独"之后,撰写了《孔孟合璧》,还以周敦颐、二程、张载、朱熹合撰,作《五子连珠》和《宋儒五子合刻序》。在该篇序文中,刘宗周明确提出以本体即工夫的"慎独"贯通宋儒理学,他认为"圣贤千言万语,说本体说工夫,总不离'慎独'二字"③,指出"天即吾心,而天之托命处即吾心之独体也。率此之谓率性,修此之谓修道,故君子慎独,而曰:'戒慎乎其所不睹,恐慎乎其所不闻。'所以事天也。此圣学之宗也"④。刘宗周力主以"慎独"思想体系贯诠释宋明理学思想,还在

---

① 刘宗周. 圣学宗要·引[M]//吴光. 刘宗周全集:第2册. 杭州:浙江古籍出版社,2007:228.
② 刘汋. 蕺山刘子年谱[M]//吴光. 刘宗周全集:第6册. 杭州:浙江古籍出版社,2007:106.
③ 刘宗周. 圣学宗要[M]//吴光. 刘宗周全集:第2册. 杭州:浙江古籍出版社,2007:258.
④ 刘宗周. 宋儒五子合刻序[M]//吴光. 刘宗周全集:第4册. 杭州:浙江古籍出版社,2007:26.

《圣学宗要》的总评中,作了详细说明:

  愚按孔门之学,其精者见于《中庸》一书,而"慎独"二字最为居要,即《太极图说》之张本也。乃知圣贤千言万语,说本体,说工夫,总不离"慎独"二字。"独"即天命之性所藏精处,而"慎独"即尽性之学。独中具有喜怒哀乐四者,即仁义礼智之别名。……"独"虽不离中和而实不依于中和,即"太极"不离阴阳而实不依于阴阳也。中,阳之动也;和,阴之静也。然则宋儒专看未发气象,未免落在边际,无当于"慎"独之义者。故朱子初不喜其说,退而求之已发,以察识端倪为下手,久之又无所得,终归之涵养一路。其曰"以心为主,则性情之体、中和之妙,各有条理",正指"独"而言,而不明白说破,止因宋儒看得"独"字太浅,"中"字太深,而误以"慎独"之功为"致""和"之功也。阳明子曰"良知即未发之中",仍落宋人之见。又云"无前后内外而浑然一体",庶几得之。第以质之《中庸》,往往似合似离,说中说和,无有定指。总之诸儒之学,行到水穷山尽,同归一路,自有不言而契之妙。而但恐《中庸》之教不明,将使学"慎独"者以把捉意见为工夫,而不睹性天之体。因使求中者以揣摩气象为极则,而反堕虚空之病。既置"独"于"中"之下,而拒"中"于"和"之前,纷纷决裂,几于无所适从,而圣学遂为绝德。故虽以朱子之精微,而层摺且费辛勤;以文成之易简,而辩难不遗余力,况后之学圣人者乎?因稍为之拈出,以示来者。①

  刘宗周首先认识到周敦颐的《太极图说》原本于《中庸》主旨,进而追根溯源阐释论证了《中庸》之"慎独",倡导"慎独立极"之学,且在此基础上对宋明儒学思想观念,特别是"仁学"思想进行了系列总结和评判。有人问刘宗周孔、孟之道的学说要旨是什么,刘宗周以"求仁之学"作了概括回答:"客有问孔、孟大旨者,予不敏,以求仁之说告之。"② 而周敦颐作为五星之首的学说宗旨也就是"求仁","周子之学,尽于太极图说。

---

  ① 刘宗周. 圣学宗要[M]//吴光. 刘宗周全集:第2册. 杭州:浙江古籍出版社,2007:258-260.
  ② 刘宗周. 孔孟合璧[M]//吴光. 刘宗周全集:第6册. 杭州:浙江古籍出版社,2007:158.

其《通书》一篇，大抵发明主静立人极之意，而宗旨不外乎求仁"。① 刘宗周认为，为学首先要识得"仁"，如何认识"仁"呢？他进一步指出："仁者浑然与物同体，义礼智信皆仁也。"方法途径则是以"诚敬存之"。

显然，刘宗周要证醇儒道统就要回归元典，他极其注重对儒家经典的梳理总结，他是在深入研究传统儒学经典基础上作了全面分析，才提出了自己独特的见地的，特别是"独"之道德本体论的提出。

刘宗周对传统性体之学的继承和创新，除了周敦颐以外，另一个重要的学术渊源则是来自朱子学。刘宗周对朱子学非常重视，他希望自己能够通阅《朱子文集》，虽然未能如愿，但在平常的学言、书信交往中，经常讨论自己对朱子思想的理解，且对朱子评价颇高。如"孔、孟而后，几曾见小心穷理如朱子者！"②"朱子不轻信师传，而必远寻伊洛以折衷之，而后有以要其至，乃所为善学濂溪者"③ 等。蕺山弟子张履祥"尊朱辟王"的学说主旨，与刘宗周对朱子学的重视和高度评价是有内在关联的。邵廷采曾评论刘宗周学说思想"笃实类朱文公，而言诚意慎独与朱不合"④。刘宗周与朱子相似之处很多，以至于他的学生有的走向维护朱学道统。但他在慎独与诚意之学上则与朱子学有根本性的不同，这正是刘宗周的创见，且是其思想的核心所在。与张履祥"尊朱辟王"不同的是，以黄宗羲为代表的另一部分学生继承和发扬刘宗周极力修正和挽救阳明后学的学说志向。虽然刘宗周的弟子对他的学说都十分推崇，但蕺山学派弟子间的不同见地，也反映了刘宗周学说的复杂性，其中在为学宗旨上就有很多分歧和争论。可以说，蕺山学派的弟子们未能延续推动刘宗周学说旨趣使其繁荣发展，反而最终导致学派分裂和演变，与刘宗周为学思想理论"三变"，也存在较大关系。

在理气关系的本体论认识上，刘宗周就与朱熹不同。朱熹在理气关系

---

① 刘宗周. 五子连珠 [M] //吴光. 刘宗周全集：第6册. 杭州：浙江古籍出版社，2007：180.

② 刘宗周. 圣学宗要 [M] //吴光. 刘宗周全集：第2册. 杭州：浙江古籍出版社，2007：243.

③ 刘宗周. 圣学宗要 [M] //吴光. 刘宗周全集：第2册. 杭州：浙江古籍出版社，2007：244.

④ 邵廷采. 名儒刘蕺山先生传 [M] //吴光. 刘宗周全集：第6册. 杭州：浙江古籍出版社，2007：538.

问题上主张"理气二分",认为理和气是两码事,气是理的表现形式,先有理而后才有气。而刘宗周则主张"气即理",明确提出"盈天地间一气"的观点。他说:"盈天地间,一气也。气即理也,天得之以为天,地得之以为地,人物得之以为人物,一也。"① 他认为气充盈于天地万物间,是先于道生成的,他反对道生气的观点,而主张道生于气。他指出:"盈天地间,一气而已矣。有气斯有数,有数斯有象,有象斯有名,有名斯有物,有物斯有性,有性斯有道,故道其后起者也。而求道者,辄求之未始有气之先,以为道生气。则道亦何物也,而能遂生气乎?"② 刘宗周的这一观点,吸纳了张载《正蒙》中所提出的"太虚即气"思想,并对此有改进发展。刘宗周所理解的"气",不仅具有宇宙生成论意蕴,而且还赋予了它心性论及工夫论的伦理内涵。

程朱的核心观点认为"性即理",把性看作宇宙本体,刘宗周则认为"性"是与人与生俱来的基本属性,但它总要依附于某物或某事,不能单独存在,且"性因新而名","盈天地间一性也,而在人则专以心言之",心还是气与理的结合。刘宗周不仅把性看作宇宙本体,更重要的是与心的结合,提出"即心即性",总结修正了朱子的"性即理"。他把思、听和视看成人的脑、耳和眼的本质属性,且其功能性是依附于器官的。他说:"性者,生而有之之理,无处无之,如心能思,心之性也,耳能听,耳之性也,目能视,目之性也,未发谓之中,未发之性也;已发谓之和,已发之性也。"③ 他认为佛教的"空"、老庄的"玄"以及程朱的"理"都把性作为一种精神实体是不合理的,程朱和佛老认为性是可以不依附其他事物而单独存在,歪曲了性的本质,都没有真正理解"性"的实质,将"理"仅作为一物来看,是"古今性学不明"的主要原因。他进一步分析:"佛氏曰:'性空也。'空与色对,空一物也。老氏曰:'性,玄也。'玄与白对,玄一物也。

---

① 刘宗周. 学言中 [M]//吴光. 刘宗周全集:第 2 册. 杭州:浙江古籍出版社,2007:408.

② 刘宗周. 学言中 [M]//吴光. 刘宗周全集:第 2 册. 杭州:浙江古籍出版社,2007:407.

③ 刘宗周. 学言中 [M]//吴光. 刘宗周全集:第 2 册. 杭州:浙江古籍出版社,2007:418.

吾儒曰：'性理也。'理与气对，理一物也。佛、老叛理，而吾儒障于理，几何而胜之？"① 所以，刘宗周主张不能把"性"作为独立的实体来看待，性是依附于他物而存在的。他将明"性"与"心"和"气"道德本体相统一，指出："一性也，自理而言，则曰仁义礼智；自气而言，则曰喜怒哀乐。一理也，自性而言，则曰仁义礼智；自心而言，则曰喜怒哀乐。"② 刘宗周指出："性者心之理也，心以气言，而性其条理也。离心无性，离气无理，虽谓'气即性，性即气'，犹二之也。"③ 他把"气"提升到宇宙本体地位，这是不同于以往儒者对气给出的形而下的定位，特别是在晚明时期普遍谈心而知天理的学风下，提出这一创建性观点，需要足够的理论勇气。刘宗周的"慎独"说融合了"理""气""心""性"本体论，赋予"意"和"知"道德本体意蕴，特标为粹然至善的"独体"，强化了本体的道德意义。尽管刘宗周这一理气论从学术源流上看，仍是从程朱性理思想中辨析而来，但从思想结构上看，则是以他的"慎独""诚意"学说为宗旨，他以"独体"统合发展了宋明理学性之宇宙本体论和道德本体论。

二、独体与心体

1. 心之道德本体意义

将"心"作为道德本心的伦理范畴，使心体具有道德意义是陆王心学的主旨内容，追溯儒学脉络最早是先秦孟子提出来的。孟子虽然赋予"心"为思维器官和心理、知觉等诸多含义，但孟子认为人之为人就在于具有道德之心，或者说道德之心是人存在的内在根据，"由是观之，无恻隐之心，

---

① 刘宗周.学言中［M］//吴光.刘宗周全集：第2册.杭州：浙江古籍出版社，2007：419.

② 刘宗周.学言上［M］//吴光.刘宗周全集：第2册.杭州：浙江古籍出版社，2007：391.

③ 刘宗周.复沈石臣［M］//吴光.刘宗周全集：第3册.杭州：浙江古籍出版社，2007：363.

非人也；无羞恶之心，非人也；无辞让之心，非人也；无是非之心，非人也"①，正是因为人有此道德之心，所以人有万物所不具的道德本性，且对于治国来说"仁则荣，不仁则辱"②。"恻隐之心，仁之端也；羞恶之心，义之端也；辞让之心，礼之端也；是非之心，智之端也"③，这是中国最早把仁义礼智纲常道德发之于心而缘起于"心"的认定，其影响深远。孟子认为性本善也本于"心"，"心"是性善的内在根据，或者说性善是以"心"为根据。所谓"人皆有怵惕恻隐之心"即是指此，善是超功利的生理一心理过程。所以，孟子指出："所以谓人者皆有不忍之心者，今人乍见孺子将入于井，皆有怵惕恻隐之心——非所以内交于孺子之父母也，非所以要誉于乡党明友也，非恶其声而然也。"④ 在孟子看来，心与性是一致的，"四心"即是性善，心、性、道德三者一体。由此可见，"心"即是道德的心，有是性善；既是人之存在的内在根据，也是人伦道德缘起的根本。

"心"是一个伦理性的实体，孟子关于"心"是伦理实体的论述，受到宋代理学家的普遍重视，不管哪一流派，无一例外地都提到"心"，都肯定了心的伦理意义，但真正把心作为人的道德本体，从心寻找人伦道德发生的根源，直言"心"是人伦道德本体的是陆九渊。在陆九渊看来，"宇宙便是吾心，吾心便是宇宙"⑤。"心"是宇宙本体首先表现在它是道德本体，且"心一也"。陆九渊对心之道德本体作了系统阐述，认为人伦道德存在于人心中，这是任何力量都无法改变的，"义理之在人心，实天之所与而不可泯灭者焉"⑥。人伦道德不仅存在于心中，而且"心"即是人伦道德本身，"仁义者，人之本心也"⑦。"心"是道德的总汇，"心"是道德的代称，"盖心，一心也，理，一理也，至当归一，精义无二，此心此理，实不容有二。

---

① 杨伯峻. 孟子译注 [M]. 北京：中华书局，1960：80.
② 杨伯峻. 孟子译注 [M]. 北京：中华书局，1960：75.
③ 杨伯峻. 孟子译注 [M]. 北京：中华书局，1960：80.
④ 杨伯峻. 孟子译注 [M]. 北京：中华书局，1960：79-80.
⑤ 杂著 [M] //陆九渊. 陆九渊集：卷二十二. 北京：中华书局，1980：273.
⑥ 思而得之 [M] //陆九渊. 陆九渊集：卷三十二. 北京：中华书局，1980：376.
⑦ 与赵监 [M] //陆九渊. 陆九渊集：卷一. 北京：中华书局，1980：9.

仁即此心也，此理也"①。既然"心"是儒家所奉为的五德之首和全德之称的"仁"，既然"心"即是具有普遍性意义的"理"，那么很显然"心"是道德的总汇和全称。"心"才是道德之源，或者说"心"是道德的总的根据。"四端者，即此心也，天之所以与我者，即此心也。人皆有是心，心皆具是理，心即理也。"② 孟子的仁义礼智发端于"四心"，陆九渊认为归根到底是人伦道德缘起于人之本心，"心"是人伦道德的本根，是用以调节父子、兄弟朋友等一切社会关系的道德原则和人伦规范，如仁、义、礼、智、勇等，都源自人的本心。其"心"是道德的本原思想，不仅回答了社会生活中所发生的一切道德现象都由"心"发出，也回答了"心"具有道德本体的意义。所以，人心不但是道德的来源，还有辨别是非善恶的能力；是非善恶标准非外赋于人，而是人之固有。陆九渊对心性的"无不善"思想为刘宗周所吸收。

2. 陆王心体的伦理论证

不同于程朱把理"性"作为道德本体的是陆九渊的心学。陆九渊（1139—1192），江西抚州金溪人，字子静。陆九渊特别重视道德主体的精神发挥，把道德主体性地位提高到空前的高度，从某种意义上说，陆九渊的心学反映了以伦理为本位的儒学的基本特征，反映了救世即治国平天下必须从修身即改造人自身开始的儒学特点。他的心学在当时影响甚大，从学者众多，"先生大率二月登山，九月末治归，中间亦往来无定。居山五年，阅其簿，来见者逾数千人"③。虽然陆九渊不尚著述，无系统的著作，他的思想体现在仅存的《语录》和《杂著》以及一些书信中，但他培养了大批的学生，有杨简、舒璘等，创立了颇有影响的心学派。明代，陈献章和王阳明发扬了他的学说，成为历史上著名的陆王心学。刘宗周正式沿着陈献章一脉发展，融合了湛甘泉与王阳明之学，而对阳明后学予以修正。

与程朱学不同，在陆九渊的思想体系中，"心"是最高范畴，具有哲学

---

① 与曾宅之 [M] //陆九渊. 陆九渊集：卷一. 北京：中华书局，1980：4-5.
② 与李宰 [M] //陆九渊. 陆九渊集：卷十一. 北京：中华书局，1980：149.
③ 年谱·淳熙十五年 [M] //陆九渊. 陆九渊集：卷三十六. 北京：中华书局，1980：502.

伦理学含义，它既是哲学即宇宙本体，也是道德本体。所谓"心即理"，即是说心是宇宙本体。程朱理学认为茫茫无垠的宇宙，虽有千千万万的事物，但都可以概括为一个"理"，万事万物都是由"理"所派生，都是"理"的流行发见，没有理就没有世界和世界上的一切。二程说"万物皆是一个理"，就是这个意思。"理"由二程提出并经南宋理学家进一步阐发和总结，遂成为最著名的程朱理学派。可以说，理学演变出来的心本论和性本论，都是无法回避对"理"的诠释和解析的。陆九渊虽然不否认"理"范畴的合理性和重要性，但他对"理"的认识与朱熹有重大的分歧。朱熹认为："未有天地之先，毕竟也只是理。有此理，便有此天地；若无此理，便亦无天地。"① 虽然朱熹也承认"理无心，则无着处"②，承认"心包万理"③，但他并不以为心即是理和心是宇宙本体，指出"灵处只是心，不是性。性只是理"④。在朱熹看来，"理"具有绝对和普遍意义，"理"是先于天地而独立存在的精神实体，天地之所以成为天地，都是缘于"理"，"理"是宇宙的本根，而"心"只不过是"理"的体现。陆九渊对朱熹以上论断不以为然，他认为宇宙及万物是本根性的实体，并不是朱熹的"理"，而是"心"，"心"才是宇宙的本体，"道未有外乎其心者"⑤，离开了"心"就无所谓"道"。同样，离开"心"也无所谓"理"。虽然宇宙充塞着万理，然而这都是心之所发，理源于心。"四方上下曰宇，往古来今曰宙，宇宙便是吾心，吾心即是宇宙"⑥。这就是说，"心"即是宇宙，宇宙即是"心"，并不存在离开或者先于吾心而独立存在的宇宙，不存在吾心之外而独立存在的"理"，没有"心"就没有世界的一切。陆九渊的心学是对孟子心学思想的继承与发展，如王阳明所指，"圣人之学，心学也"⑦，他以陆氏之学为

---

① 黎靖德. 朱子语类：卷一 [M]. 王星贤，点校. 北京：中华书局，1986：1.
② 黎靖德. 朱子语类：卷五 [M]. 王星贤，点校. 北京：中华书局，1986：85.
③ 黎靖德. 朱子语类：卷九 [M]. 王星贤，点校. 北京：中华书局，1986：155.
④ 黎靖德. 朱子语类：卷五 [M]. 王星贤，点校. 北京：中华书局，1986：85.
⑤ 敬斋记 [M] //陆九渊. 陆象山全集：卷十九. 北京：中华书局，1980：228.
⑥ 杂著 [M] //陆九渊. 陆象山全集：卷二十二. 北京：中华书局，1980：273.
⑦ 象山文集序：卷七 [M] //王守仁. 王阳明全集 [M]. 吴光，钱明，董平，等，编校. 上海：上海古籍出版社，2011：273-274.

孟氏之学，确实有其深厚的理论根据。陆九渊一再推尊孟子，认为孟子没后，千百年间，孟学不传，"天下之尊信者，抑尊信其名耳，不知其实也"①。学生伯敏问之："天下万物，不胜其烦，如何尽研究得？"陆九渊答曰："万物皆备于我，只要明理，然理不解自明。"② 陆九渊认为这一孟子的论断只要抓住"万物皆备于我"，一切都可以自然明了。由此可以看出，他的"宇宙便是吾心，吾心即是宇宙"，实际上可以看作"万物皆备于我"的发挥和理论化，这是对孟子心学的丰富和发展。

陆九渊以"心"为伦理学的最高范畴，在人伦道德学说史上有里程碑式的意义，刘宗周"慎独"道德本体论思想的构建，深受陆王心学道德本体论思想影响。陆九渊认为，"心"不仅是宇宙本体，也是道德本体，二者相融为一。在此基础上，陆九渊强调和凸显了人的主体性地位，潜在激发了人的能动性。如果说程朱的"理"的道德本原说忽视了道德主体的能动性和自觉性，强调和依赖的是外在的"理"的约束和规制。与之相反的，陆九渊所强调的是道德主体的自律和主动精神，正是发挥道德对社会生活调节功能的重要作用。以"心"为道德本体反映了人的一种道德自觉，表明了道德主体精神的崛起，这对以后的心学伦理思想产生重大影响，刘宗周加以了充分吸收和改造。从伦理史发展演变的脉络来看，正如陈谷嘉先生在《宋代理学伦理学思想研究》中梳理总结的，"陆九渊的心学伦理思想是宋代理学伦理思想的一大演变，反映出由强调道德他律转向强调道德自律的重大变化"③。刘宗周对阳明学辩难不遗余力，也是在充分吸收了陆王心之道德本体思想基础上的创见，陆王心之道德本体理论对刘宗周注重道德自律和实践，提供了极为重要的理论依据。

3. 刘宗周对心体的继承与改造

刘宗周充分吸收融合程朱陆王的道德本体论思想，对"心"与"性"的内容阐发是极为丰富的，前人讨论过他对程朱"性即理"，把性作为道德

---

① 与李宰二 [M] //陆九渊. 陆象山全集：卷十一. 北京：中华书局，1980：150.
② 语录下：卷三十五 [M] //陆九渊. 陆九渊集. 北京：中华书局，1980：440.
③ 陈谷嘉. 清代理学伦理思想研究 [M]. 长沙：湖南大学出版社，2004.460.

本体的理论继承和发展，创造出"性即气"的本体概念。刘宗周为了肯定封建道德合理性，纠正王学末流把封建道德沦为虚无化，以挽救社会危机，对阳明"心学"理论作了更为细致深入研究探讨。他的"心一""离心无性""性体在心体中看出"等主张，都是在深入研究阳明思想主旨的基础上发展改造而来。刘宗周认为"心体"是洁净精微、纯粹至善的，"心之体乃见其至尊而无以尚，且如是其洁净精微，纯净至善……故大人与天地合德，日月合明，四时合序，鬼神合吉凶，惟心之所统体而不尸其能"①。这里"心体"作为宇宙的本体，具有最高的、至尊地位，是不为外物所改变的，它不会被外物牵累和诱惑，从而可以达到与天地合德、日月合明的天人合一境界。刘宗周对心体的认识可以说得上是对心学本体理论的重建。

刘宗周对心之道德本体理论的继承发展，首先来自于对阳明"致良知"的驳难，他推翻王阳明最著名的良知说——"四句教"。刘宗周与东林学派高攀龙、顾宪成同感有不妥，他认为阳明"四句教"之的前三句"无善无恶者心之体，有善有恶者意之动，知善知恶是良知"有很大的逻辑矛盾。他认为阳明以致知来解良知，良知的存在要通过"致"来得以实现是不正确的，是不符合《大学》主旨的。良知应是至善或"止"的。正因为阳明把至善的本体"良知"认知错误，所以他彻底否定了阳明以"四句教"为内涵的良知说，还形成了刘宗周自己修正提出的"四句教"。可以说，刘宗周的"四句教"完全是从阳明心体良知说的理论基础上发展改造而来的。刘宗周对心体的继承改造的另一大特点是，确立了意之本体论。"意"在儒学先贤那里大多被当作是已发之念，而在刘宗周看来，"意"是能主宰心的本体，"意以所存言，而不专以所发言，明矣"②。刘宗周为了进一步论证"意"的本体论意义，还特别与儒学先贤把"意"理解为已发之念的"念"加以严格区分论证，"自心学不明，学者往往以想为思，因意念为意"，③ 说

---

① 刘宗周. 原旨·原学中 [M]//吴光. 刘宗周全集：第 2 册. 杭州：浙江古籍出版社，2007：285-286.
② 刘宗周. 答史子复 [M]//吴光. 刘宗周全集：第 3 册. 杭州：浙江古籍出版社，2007：380.
③ 刘宗周. 原旨·原心 [M]//吴光. 刘宗周全集：第 2 册. 杭州：浙江古籍出版社，2007：280.

明了意的"静存"特点,是"念之起灭"导致善恶的发生。在刘宗周看来,"意"只是"好恶"的心理因素和"好善恶恶"的道德心理活动,"意无所为善恶,但好善恶恶而已。好恶者,此心最初之机"①。以此,刘宗周还把"意"界定为"心最初之机""至善归宿之地""惟微之体"等,具有"独体"的意义,刘宗周在《答史子复》中明确称:"独,即意也,知独之谓意。"② 他赋予了"意"纯然至善的本体论意义,是不同于传统儒学所理解的独创。

刘宗周对心体的吸收和改造成果特色在于建立了"慎独"道德修养工夫论,他的慎独工夫也是建立在以"意"为"独体"的道德本体论基础上的。刘宗周通过对意与念的严格区分,在统摄"意"的过程中,使人的道德本体"心"向内收束,从而在工夫论上主"慎独"之功。刘宗周认为阳明良知说之流弊是"猖狂者参之以情识,超洁者荡以玄虚"③,就修养工夫而言,"荡以玄虚"使道德修养实践没有根基,而"参以情识"则使道德修养实践无法落实,为匡正王学末流修养论上两大弊端,就此应生了他的慎独工夫论。刘宗周慎独工夫论虽然是以救正阳明后学之流弊而形成,且承袭了部分朱学观念。但在理论的根本观点上,刘宗周主要吸收的是由王学确立的明代心学特色而与朱学对立,这样的吸收继承使得刘宗周的慎独之学具有"即工夫即本体"意义。

刘宗周在总结梳理传统儒学本体论基础上,提出了"独"为万物本体的思想。将"独"置于本体地位,成为心之道德本体,"慎独"就是时时保持人的一颗"粹然至善"之"本心",且"独之外,别无本体;慎独之外,别无工夫"。这一解释使"慎独"之意极为丰富。有关"慎独"的最早记载,出自《大学》《中庸》,历代学者都将之作为重要的道德修养方法和境界。刘宗周予以总结和改造,他认为《中庸》之慎独与《大学》之慎独不

---

① 刘宗周. 学言上 [M] //吴光. 刘宗周全集: 第 2 册. 杭州: 浙江古籍出版社, 2007: 390.

② 刘宗周. 答史子复 [M] //吴光. 刘宗周全集: 第 3 册. 杭州: 浙江古籍出版社, 2007: 380.

③ 刘宗周. 郑学杂解 [M] //吴光. 刘宗周全集: 第 2 册. 杭州: 浙江古籍出版社, 2007: 278.

同,《中庸》之慎独是从性体上讲的,而《大学》则是从心体上讲的慎独,分析得出"《大学》言心不言性,心外无性也。《中庸》言性不言心,性即心之所以为心也"①。刘宗周直接批评朱子误解了《中庸》和《大学》,使二者的主旨有所分离,说朱子"以戒惧属致中,慎独属致和",于《中庸》"分格致诚正为两截事",于《大学》皆是"支离"。他圆融统合"两截事"和"支离",指出"工夫与本体亦一,此慎独之说也"②,由此,刘宗周将自己的慎独工夫论与朱子的"主敬穷理"修养工夫论加以明显区别。可以看出,刘宗周对性体与心体的继承阐发,最终在其"慎独"思想体系中汇合,他对宋明儒学性学和心学之道德本体论的融合提升,使得传统的二元论转向一元论。刘宗周的"慎独"思想,不仅统合传统本体论,也统合了工夫论,"独之外,别无本体,慎独之外,别无工夫,此所以为中庸之道也"③。如陈永革在《儒学名臣——刘宗周传》中总结评价:"性宗与心宗,在极致处通贯为一体;在工夫论上,则归宗于慎独。宗周通过参合《大学》、《中庸》,以其独体论和慎独工夫论,全面克服了宋儒心性论、工夫论中的支离之病,充分呈现了宗周理论建构的统贯圆融。"④ 从一定意义上讲,明代理学的理论发展到刘宗周这里,二元通通转向一元的统合,以"独体"统摄支撑的理论没有得到后学有效推崇和发展。张君劢在《新儒家思想史》中论述刘宗周的学说地位,有如牟宗三"自刘蕺山绝食而死后,此学随明亡而亦亡"类似观点,张君劢认为,"刘宗周的死,不但结束了他个人的生命,也结束了心学中最光辉的一章"⑤。

---

① 刘宗周. 学言下 [M] //吴光. 刘宗周全集:第2册. 杭州:浙江古籍出版社,2007:457.
② 刘宗周. 中庸首章说 [M] //吴光. 刘宗周全集:第2册. 杭州:浙江古籍出版社,2007:301.
③ 刘宗周. 中庸首章说 [M] //吴光. 刘宗周全集:第2册. 杭州:浙江古籍出版社,2007:300.
④ 陈永革. 儒学名臣——刘宗周传 [M]. 杭州:浙江人民出版社,2005:190.
⑤ 张君劢. 新儒家思想史 [M]. 北京:中国人民大学出版社,2009:354.

三、心性合一为独体

刘宗周的理论学说是在为挽救晚明儒家学说晦暗的竭力阐发。刘宗周极为担忧晚明社会动荡、政治腐败、学术不明、人心不正的危险局势，为化解社会道德危机、政治文化冲突，他认为首先要辨明"性体"，发觉"本心"。因为，他看到造成社会危机和冲突的关键在于人，人之本在性，性之本在"意"，而意归宗于本心，即"心体"。所以，他主张人要从主敬修养工夫入门，由"慎独"而转向"诚意"，直至"独体"至善的形而上"心体"境界，以此达到慎独"即本体即工夫"的完美境域。

1. 道德是吾心自然之天则

刘宗周认为"心体"是至善无恶的，它不会为外物所干扰诱惑，道德则是"心"作为至善本体的自然体现，心之至善是无所不备的，为学之方、成事之要是顺应心之本然、自然和当然，"为学之方，惟顺其心之本然，顺其心之自然，顺其心之当然而已"①。刘宗周认为，人要识得"本然之心"的纯然至善，就要择善而存，并不是仅在事上用功，而是要证得本心，"择善非择在事上，直证本心始得"②。为此，刘宗周从几个方面论证了心体至善的道德伦理意义。"心体本然至善，以其气而言谓之虚，以其理而言谓之无。"他把"气"看成"心"的根源，谓之"虚"，且赋予了气之道德本体涵义，"盈天地间一气矣，聚气而有形，形载而有质，质具而有体，体列而有官，官呈性著焉，于是有仁义礼智之名"③。他认为孟子"四端"之说是以心言性，而后儒认为是"心自心，性自性"，曲解了孟子本意，性与气应

---

① 刘宗周. 与门人祝开美问答 [M]//吴光. 刘宗周全集：第2册. 杭州：浙江古籍出版社，2007：349.

② 刘宗周. 学言上 [M]//吴光. 刘宗周全集：第2册. 杭州：浙江古籍出版社，2007：365.

③ 刘宗周. 原旨·原性 [M]//吴光. 刘宗周全集：第2册. 杭州：浙江古籍出版社，2007：280.

是"一而二,二而一"的关系,即是"性即气,气即性"。刘宗周认为"心"还有"理"方面的内容,子思子"以心之气言性"讲"性相近",但后儒则言"理自理,气自气"①,使理气分离而不得其真意。在刘宗周看来这个理也就是性,"性以理言"的这个理是对人心共同特点的概括,是人所区别于他物的本质,赋有天然的道德本意。总之,刘宗周言"心"就不离"性",言"性"就不离"心",他试图以"即心即性"来解决宋明儒者"性"与"心"的派别之争问题。

刘宗周把"气"看作宇宙本体的同时也认作是"心"的本源。"盈天地间,一气也",气是万物的根源,人心也是气运动的产物,"人心一气而已矣"②。但"气"作为"心"的来源于是人所特有的,"生气宅于虚,故灵,而心其统也,生生之主也"③。刘宗周认为,"心"不仅赋予了"理"和"气"方面内容,"性"也有这两方面内容:"性也,自理而言,则曰仁义礼智;自气而言,则曰喜怒哀乐。"④ 从理上讲仁义礼智是性之德。刘宗周还将喜怒哀乐归纳到性的这一层面,"性体即在心体中",即仁义礼智之性体可在喜怒哀乐之心体寻得;而非情的层面,自气上说喜怒哀乐使得四气流行,所以仍可以说性是一气流行。刘宗周统合了传统的义理之性和气质之性,对二者的关系作了详细说明:"理即是气之理,断然不在气先,不在气外。知此,则知道心即人心之本心,义理之性即气质之本性。"⑤ 在他看来,气即理也,理不离气,理在气中,知此则知义理之性不离气质之性,或者义理之性在气质之性中见,义理之性不能单独存在,它是依附气质之性存在的。"古今性学不明"主要是将义理之性脱离了气质之性造成的,所以,他说:"凡言性者,皆指气质而言。……如曰'气质之理'即是,岂可曰

---

① 刘宗周. 原旨·原性 [M] //吴光. 刘宗周全集:第2册. 杭州:浙江古籍出版社,2007:281.

② 刘宗周. 学言下 [M] //吴光. 刘宗周全集:第2册. 杭州:浙江古籍出版社,2007:435.

③ 刘宗周. 原旨·原心 [M] //吴光. 刘宗周全集:第2册. 杭州:浙江古籍出版社,2007:279.

④ 刘宗周. 学言上 [M] //吴光. 刘宗周全集:第2册. 杭州:浙江古籍出版社,2007:391.

⑤ 刘宗周. 学言中 [M] //吴光. 刘宗周全集:第2册. 杭州:浙江古籍出版社,2007:410.

'义理之理'乎?"① 论性要从气质处下手，不能以义理独存，气质即义理即天命，都是纯粹至善的，喜怒哀乐从气质之性上可以说是纯粹至善的仁义礼智。刘宗周吸收了传统儒家性善论的立论，承接了孟子性善论。在刘宗周看来，性之善是在气质之性中见的，并不超然于气质之外。刘宗周在复沈石臣书信中说："离心无性，离气无理，虽谓气即性，性即气，犹二之也。恻隐、羞恶、辞让、是非，皆是一气流行之机，呈于有知有觉之顷，其理有如此，而非于知觉之外，另有四端名色也。"② 这里是从心即性上说，恻隐、羞恶、辞让、是非是一气之流行，一心之四端。刘宗周认为仁、义、礼、智等道德意识是作为"名"而存在，即作为观念形态而存在的，是人与生俱来的，不是先于人存在的道德本体，仁义礼智这些道德观念是气聚集活动成人之后而产生的，是喜怒哀乐之性的表现，道德是心体作为纯粹至善的本体存在的体现，是天赋固有的。

刘宗周认为："盈天地间皆道也，而统之不外乎人心"，因为"盈天地间皆心也"，"心"具有主观能动作用。且一人之心可以容纳万人之心的想法，"天命之所在，即人心之所在，人心之所在；即道心之所在"③。道心则在人心中，二者不可脱离，心只是人心，而道心是人之所以为心也，即是性，所以道心即性。程颐认为，道心是一种道德本心，"对放其良心者言之，则谓之道心"，人心是个人的自然欲望，"人心，私欲也"。刘宗周则认为，人心是人的日用常行之心，道心是在道德价值上而言的，道德价值的实现离不开人们具体的现实生活和感情欲望的表达体现。王阳明也认为道心、人心归一，掺杂了人欲的便是人心，没有人为掺杂的便是道心，"心一也，未杂于人欲，谓之道心；杂于人伪，谓之人心。人心得其正者为道心，道心失其正者即人心，初非有二心也"④。刘宗周评论了程子和阳明对心的

---

① 刘宗周. 学言中［M］//吴光. 刘宗周全集：第2册. 杭州：浙江古籍出版社，2007：418.
② 刘宗周. 复沈石臣［M］//吴光. 刘宗周全集：第3册. 杭州：浙江古籍出版社，2007：363.
③ 刘宗周. 中庸首章说［M］//吴光. 刘宗周全集：第2册. 杭州：浙江古籍出版社，2007：300-301.
④ 刘宗周. 阳明传信录三［M］//吴光. 刘宗周全集：第5册. 杭州：浙江古籍出版社，2007：56.

划分不够准确，程子明确指出人心即人欲，道心即天理。刘宗周认为阳明虽说二心只是一心，但也经不起推敲分析，"先生说'人、道只是一心'，极是。然细看来，依旧只是程朱之见，恐尚义在。孟子曰'仁，人心也'，人心便是'人心也'，道心即是仁字，以此思之，是一是二？人心本只是人之心，如何说他是伪心、欲心？"① 在刘宗周看来，人心是仁亦是道心，道心即是仁，人心道心只是一心，心体纯然至善，且"天者，无外之名，盖心体也。……天枢转于于穆，地轴互于中央，人心藏于独觉"②。天人之本皆在于心，道德则是吾心自然之天则。刘宗周的思想喜统摄，在他看来，心、性是一，义理之性与气质之性是一，人心、道心亦是一，以慎独为宗的学说统领道德本体和工夫亦是一。

2. 性体在心体中看出

刘宗周融合心性之学，阐述心体与性体的篇章非常多，他谈心不离性，论性必谈心。他认为性是心的性，"性者，心之性也"③，性依附于心而存在，"天下无心外之性"。心体是从主观上具体而言，性体则是从客观上的形式而言，心性是合一的，"心之与性不可以分合言"，这样，性体即是客观而又主观的内在，心体即是主观而又客观的超越。刘宗周不但把心性合总归为一，而且把性规定成为心的属性，二者关系上认为性是从属于心存在的，性体要通过心体才得以体现。刘宗周谈性是本着《中庸》讲的："盈天地间皆道也。而统之不外乎人心。人之所以为心者，性而已矣。"④ 在他这里，人之性即是自天命之性而言的，而天命之性终归于一心，"性是一，则心不得独二"⑤，就心体和性体的大方向而言，"天命之所在，即人心之所

---

① 刘宗周. 阳明传信录三［M］//吴光. 刘宗周全集：第5册. 杭州：浙江古籍出版社，2007：56.
② 刘宗周. 学言中［M］//吴光. 刘宗周全集：第5册. 杭州：浙江古籍出版社，2007：409.
③ 刘宗周. 原旨·原性［M］//吴光. 刘宗周全集：第2册. 杭州：浙江古籍出版社，2007：280.
④ 刘宗周. 中庸首章说［M］//吴光. 刘宗周全集：第2册. 杭州：浙江古籍出版社，2007：299.
⑤ 刘宗周. 中庸首章说［M］//吴光. 刘宗周全集：第2册. 杭州：浙江古籍出版社，2007：300.

在；人心之所在，即道心之所在"，① 刘宗周认为"性体即在心体中看出"②。性具有立天之尊的地位，心则是至善之本体，他要求以心著性，将性天一路由心体中突显出来，这是刘宗周心性论与前人最大的不同之处。

　　刘宗周心性论的独特之处是将心性合一且使性体从属于心体，性体要通过心体从能得以体现。"大学言心到极至处，便是尽性之功……中庸言性到极至处，只是尽心之功。"③ 他认为，《大学》是从心体上言慎独，而《中庸》则是从性体上言慎独，"独"即是本体，是"即睹即闻"，又不睹不闻的一个虚位。"独是虚位，从性体看来，则曰莫见莫显，是思虑未起，鬼神莫知时也。从心体看来，则曰十目十手，是思虑既起，吾心独知时也。然性体即在心体中看出。"④ 这里看出，刘宗周心性合一的思想，言性自是从"天命之谓性"的客观上讲的，言心则是从主观上说的，主客合一才是刘宗周要讲心体与性体合一，"即心即性"。尽管独的虚位可以从性体与心体两方面审察，但性体即在心体之中，性是心中之性，由心体而见性体，即"性体在心体中看出"。

　　虽然性体要通过心体来呈现，不可以离心来谈性，但性也有极为重要的作用，是人的本质属性，"人之所以为心者，性而已矣"⑤。"性"是人生而具有的本质属性，决定了人是有意识的物质存在，且人的意识不同于其他万物，它如同理不离气一样，是气运动的结果，性是人成为人的内在根据。尽管"性"只能是心的性，需要通过心得以体现，性可以作为人的思想和行动的尺度的作用也不容忽视，因为，"性"即是理、即是命、即是天，"无过不及者，理也。其理则谓之性，谓之命，谓之天也"⑥。刘宗周反

---

① 刘宗周. 中庸首章说 [M] //吴光. 刘宗周全集：第 2 册. 杭州：浙江古籍出版社，2007：300.

② 刘宗周. 学言上 [M] //吴光. 刘宗周全集：第 2 册. 杭州：浙江古籍出版社，2007：381.

③ 刘宗周. 学言上 [M] //吴光. 刘宗周全集：第 2 册. 杭州：浙江古籍出版社，2007：389 - 390.

④ 刘宗周. 学言上 [M] //吴光. 刘宗周全集：第 2 册. 杭州：浙江古籍出版社，2007：381.

⑤ 刘宗周. 中庸首章说 [M] //吴光. 刘宗周全集：第 2 册. 杭州：浙江古籍出版社，2007：299.

⑥ 刘宗周. 原旨·原心 [M] //吴光. 刘宗周全集：第 2 册. 杭州：浙江古籍出版社，2007：279.

对"尊心贱性","性"虽不可离开"心",要依靠心体才得以体现性体,却不能将二者混淆,要清楚地认识到二者的区别。这样看来,刘宗周既认为性体依赖于心体而存在的,他虽然也强调了性体的相对独立性作用,最后他又把心性统合起来,强调心性不离,指出性学晦暗,在于儒者外心言性,而出现这样的问题不只在于性学出了问题,而在于对"心"的认识出了问题,追溯儒学道统的流失,关键就在于心性问题。刘宗周的慎独思想,统合了从"盈天地间皆心",到"盈天地间一性""盈天地间一气矣"的道德本体论。他与陆王心学关系紧密,对阳明学虽然辩难不遗余力,但也认为"天下无心外之理",甚至认为"天下无心外之学"。① 刘宗周虽然看到了主体与客体的关系,但过于夸大了人主观能动性的作用,忽略了事物发展的客观规律,从而滑向唯心主义的道路,这一点与陆王更近。以至于他献策皇帝治国也要先从保持心的纯然至善开始,在为政实践上确实有些"迂阔"。虽然其师许孚远师从甘泉,与阳明并行于世,但他融合二者,且大部分学说是在修正王学,所以,大多学者认为刘宗周学说属于阳明心学,如梁启超、三浦藤作等。他们强调了刘宗周修正阳明后学的历史地位,三浦藤作指出,宗周"初信程朱,后信阳明","如是堕落者明末阳明学者中而能独放异彩者有刘蕺山。阳明学之命脉幸赖以保全焉"。

3. 天命之性为独体

刘宗周说"独者,物之本",是把"独"看作宇宙万物的本原,他用独来表达了宇宙本原的至上性、唯一性和绝对性,这个至上、唯一的"独"即是天命之本性。刘宗周认为"独"是作为实体的存在,常说"良知只是独知时",这一"独体"理论是在阳明"良知"为本体的理论基础上发展而来的。对此,刘宗周的学生陈确指出"独者,本心之谓,良知是也"②,认为本心即良知即独的看法,是继承刘宗周独体论基础上讲的,他对老师独体论的理解是对的,说清了刘宗周的"独"是从王阳明的"良知"论里衍

---

① 刘宗周. 原学中 [M]//吴光. 刘宗周全集:第 2 册. 杭州:浙江古籍出版社,2007:285.
② 陈确. 陈确集 [M]. 北京:中华书局,1979:240.

生而来的理论思路。刘宗周还将"独"等同于"意"来看,意是心之主宰,心之本体,是道德本体的存在,独是宇宙本体,是尽性之极,是宇宙本体意义决定了道德本体意义,所以,他以"独"来确定"意"的形而上之含义。也就是说,刘宗周在贯通道德本体与宇宙本体的意义上就将"意"界定为"独"了。① 刘宗周认为这个独体是独一无二的,在独之外没有其他本体可言,而把慎独当作修养的工夫,离开慎独谈工夫也是不可能的,刘宗周从源头上探讨本体与工夫,认为认知本体,首先要识得"天命之性",从《中庸》的源头学问上讲,识得了本体,"率性之道"和"修道之教"则得以自然体现在其中,无需另作他求。"《中庸》是有源头学问,说本体先说个'天命之性',识得天命之性,则率性之道,修道之教在其中。"②

在刘宗周看来,这个唯一性的"独体"是贯彻了宇宙本体和道德本体的:"独,一也。形而上者谓之性,形而下者谓之心。"③ 独体是天命之性,独则是天命之性的根本所在,慎独则所谓是尽性之学了,"'独'即天命之性所藏精处,而'慎独'即尽性之学。独中具有喜怒哀乐四者,即仁义礼智之别名"④。且刘宗周认为,喜怒哀乐四情,即仁义礼智四德皆是独中所具有的,无论是性体的日用五伦的彰显,还是心体诚意的表达,皆通过"独体"这一本体来完成。刘宗周把"独"上升到本体的高度是前儒所未有过的,他断论宋儒皆因把"独"字看得太浅,没有看到性天之独体的重要作用,违背了《中庸》中慎独的本意,而把慎独之功当作致和之功去了。在刘宗周看来,天命之性即独体,那具体什么是天命之性呢?刘宗周从《中庸》旨意处入手,对天命之性的组成也作了相应解释。他认为君子要慎其独,是从《中庸》的"天命之谓性""率性之谓道""修道之谓教"一路解释到"不睹""不闻""莫见乎隐""莫显乎微"上来说的。他认为依照

---

① 朱义禄.论刘宗周的唯意志论——兼论阳明心学的终结[J].东方论坛(青岛大学学报),2000(3):1.
② 刘宗周.学言上[M]//吴光.刘宗周全集:第2册.杭州:浙江古籍出版社,2007:382.
③ 刘宗周.学言上[M]//吴光.刘宗周全集:第2册.杭州:浙江古籍出版社,2007:390.
④ 刘宗周.圣学宗要·拔本塞源论[M]//吴光.刘宗周全集:第2册.杭州:浙江古籍出版社,2007:258.

《中庸》原意，君子所要"戒慎恐惧"的"不睹""不闻"指的即是"天命之性"。刘宗周还认为"天命之性"即"义理之性"亦即"气质之性"——"独体"。从性体来看，独即是人之尽性之处。这样，刘宗周赋予"独"的含义，就与传统儒家所认为的"独处""独知"的意义区别有本质的不同了，是他的创新。

"慎独"一词在刘宗周的解释下，其意义与前人则更不相同，"独之外，别无本体；慎独之外，别无工夫"①。他认为："《大学》言心到极至处，便是尽性之功，故其要归之慎独。《中庸》言性到极至处，只是尽心之功，故其要亦归之慎独。"② 黄宗羲极力推崇师说，认为人人讲慎独，唯有刘宗周理解的慎独是准确完备的。刘宗周赋予"独"于本体意义的同时将"慎独"作为践履道德实践修养工夫。他认为本体和工夫是通过"独体"这一过程合二为一的，提出慎独即是本体也是工夫。刘宗周为什么要通过"独体"的本体论证而突显"慎独"之特殊含义呢？因为，在他看来，慎独是人禽之辩、敬肆之分的根本所在，"君子存之，善莫积焉。小人去之，过莫加焉……敬肆之分，人禽之辨也。此证人第一义也"③。人能慎独便是天地间完人，是人之所以为人的特旨。刘宗周把道德修养工夫的慎独通过五伦的重要性凸显其意，"人生七尺堕地后，便为五大伦关切之身。而所性之理，与之一齐俱到。分寄五行，天然定位。……故学者工夫，自慎独以来，根心生色，畅于四肢，自当发于事业"④，使工夫论意义上的慎独，具有本体论依据和意义。由此看来，刘宗周把慎独看成儒家伦理道德最根本处的着力点，"独体"即天命之性，亦是"心性合一"之道德本体。这样以"慎独"为统领，使道德本体与工夫合一，以独创性贡献丰富和发展了传统的性本体论与心本体论。

---

① 刘宗周. 中庸首章说[M]//吴光. 刘宗周全集：第2册. 杭州：浙江古籍出版社，2007：300.
② 刘宗周. 学言上[M]//吴光. 刘宗周全集：第2册. 杭州：浙江古籍出版社，2007：389-390.
③ 刘宗周. 证人要旨·人谱[M]//吴光. 刘宗周全集：第2册. 杭州：浙江古籍出版社，2007：5-6.
④ 刘宗周. 证人要旨·人谱[M]//吴光. 刘宗周全集：第2册. 杭州：浙江古籍出版社，2007：7-8.

第三章
"诚意"体独的道德论

刘宗周把"独"作为本体,把"意"作为心体,认为"意"是心之所存而非所发,是作为本体发生的道德意识,这个道德意识非道德活动,仅是内心超越的潜存,是"至静"不动的。他觉得朱熹曲解了《大学》本意,特著《大学》以还原本之意。他认为"八目"当以"诚意"为本,而非以"正心"为本,诚意是体,正心是用,格物致知总为诚意而设,其实都是为归于慎独而设的。刘宗周认为,《大学》以"诚意"为本,诚意是格物致知的目的,而格物致知则是诚意的手段,诚意工夫落到实处便是"慎独"。

一、"诚意"说的历史溯源

刘宗周的"诚意"学说是在先儒思想基础上创造发展而来的,《大学》讲"欲正其心,先诚其意",作为道德修养的精髓和境界,为历代儒者所研习。刘宗周的"诚意"理论,全面梳理了自《大学》经典以来,千年圣学儒者对"诚意"的理解,以至于以其子刘汋为代表的一些学生认为刘宗周中年专攻"慎独",而晚年转向"诚意"。为何要坚守"诚意"?如何认识这种道德修养方法境界及其道德价值意义呢?刘汋指出:"君子学圣人之诚者也。始致力于主敬,中操工于慎独,而晚归于诚意。诚由敬入,诚之者人之道。意也者,至善栖身之地,物在此,知亦在此。诚意则止于至善,物格而知至矣。诚意而后心完其心焉,而后人完其人焉。"① 究其为学宗旨应是"诚意"还是"慎独",黄宗羲则作了综合整理和判断,提出"慎独"为宗。对于"慎独"与"诚意"学说关系和旨趣问题,仍有待深入探讨。刘宗周的"诚意"说提出的过程,也是为了力挽狂澜,修正阳明后学,证"醇儒道统"而作。针对儒学流于空谈明心见性、学风颓废、争辩四起、矛盾重重、祸国误民的局面,刘宗周直指:"自心学不明,学者往往以想为思,因以念为意。"② 这一影响源自儒者杂糅佛者,对"意"认识错误,究其根源,是因"释氏视意为粗根,然根尘相合,以意合法,可知佛法都括在意中,故曰'佛法大意'。但佛氏推崇于觉,故尊视其心而遁于空,以意夷之六根。岂知离意无法,离法亦无心无觉。"③ 解决这些学风问题,唯有重新全面深刻地认识"诚"和"意"开始,辟佛老杂糅影响,抽出玄虚与空寂,回到"意"之道德本体的认识及道德践履上。他深刻揭露王学颓废

---

① 刘汋. 蕺山刘子年谱 [M] //吴光. 刘宗周全集:第2册. 杭州:浙江古籍出版社,2007:173.
② 刘宗周. 原旨·原性 [M] //吴光. 刘宗周全集:第2册. 杭州:浙江古籍出版社,2007:280.
③ 刘宗周. 语类十一问答 [M] //吴光. 刘宗周全集:第2册. 杭州:浙江古籍出版社,2007:345.

派、驳斥阳明后学流弊的同时阐明自己的"诚意"道德思想学说，期许以此修正阳明后学流弊，为恢复正统儒学之精神原貌而不遗余力。

1. "诚"和"意"的来源与内涵

"诚"字最早出现于《尚书·大甲》，"鬼神无常享，享于克诚，天位艰哉！"意即要以虔诚的心理笃信鬼神。① "诚"的本意是诚实无妄，不自欺。《说文》释义："诚，信也。从言，成声。"作为传统儒家道德修养实践的基本原则和方法境界——"诚"，由来已久，它代表着当时的一种诚德观念。先秦诸子百家都注重"诚"的社会道德价值，虽然在《论语》中只有两处出现"诚"字，其中，《论语·子路》："子曰：'善人为邦百年，亦可以胜残去杀矣。诚哉是言也！'"② 这里的"诚"被解释为"真正的"和"确实"之意，是孔子对古人两句话真实性的评价。"诚"主要表示在处理朋友关系上应以诚信无欺为道德准则，通常"诚"与"信"的意义相统一。关于"信"的阐述，《论语》中则有38处，是人的道德修养和社会伦理原则。孟子谓"诚"，在《孟子》中有21处，内涵很丰富，大多也是真实不欺之意，且处于人伦关系的极为重要地位。他说："是故诚者，天之道也。思诚者，人之道也。"③《庄子》言："真者，精诚之至也，不精不诚，不能动人。"④ 此处的诚是诚实之意。

《中庸》讲，"诚者自成也。诚者物之终始，不诚无物"，"诚者天之道也，诚之者人之道也"，这里"诚"具有本体论意义，"诚"是"物之始终"，是独立的、自存的宇宙起源，是天的根本属性，而努力求诚以达到合乎诚的境界则是为人之道，其含义更加丰富和完善了。《中庸》还说："唯天下至诚，为能尽其性；能尽其性，则能尽人之性；能尽人之性，则能尽物之性；能尽物之性，则可以赞天地之化育；可以赞天地之化育，则可以与天地参矣。"这说明"诚"除了是本体意义，还是一种修养工夫，人主要

---

① 陈谷嘉. 宋代理学伦理思想研究 [M]. 长沙：湖南大学出版社，2004：200.
② 杨伯峻，杨逢彬. 论语 [M]. 长沙：湖南大学出版社，2007：120.
③ 孟子·离娄章句上 [M] //杨伯峻. 孟子译注. 北京：中华书局，1960：173.
④ 方勇. 庄子 [M]. 北京：中华书局，2010：539.

通过"至诚"的修养，不断完善道德理想和人格的，以达到修身成己的工夫境界。"诚之者，择善而固执之者也"，"诚"是人连接物我的一种道德品性，是先天的道德意识，"诚之者"则是努力求诚以合于天道的修养过程。所以，《中庸》的"诚"既是修养所要达到的善之本体，又是一种具体的修养方法，为后世儒者广泛吸收和论证。《孟子离娄章句上》中言："是故诚者天之道也，思诚者人之道也。至诚而不动者，未之有也；不诚，未有能动者。"① 此诚即是自然的规律，也是为人处世的道德修养和规律。孟子又说"反身而诚，乐莫大焉"②，认为反省自己以达到诚的境界，就是最大的快乐。荀子则多从自然与社会的关系上来解释"诚"，把"诚"作为德行的基础和人的道德准则，将"诚"扩展到了人的实践中。荀子关于"诚"解释的立足点与孟子不同，是以性恶论为理论基础的。吴祖刚认为："在荀子这里，诚仅仅作为一种道德修养而存在，可以具体到'常'和'慎独'两个层次。"③

关于"意"字，最早形体见于战国简牍文字，文献最早见于《诗经》。《说文解字》释义："意，志也。"此即指心有所识，心中有意。《吕氏春秋·长见》有"申侯伯善持养吾意，吾所欲则先我为之"，就是指合乎心意、心愿、愿望的意思，引申为志向之意。《论语》有一处提到意，即"子绝四：毋意、毋必、毋固、毋我"，是讲孔子绝对不会出现这四种毛病，其中"毋意"是指不凭空猜测、臆想的意思。这里的"意"是指缺乏客观依据的主观的一种意识，它是会对人的行为带来影响的一种主观的意识活动，所以要保证意的正向性、道德性，使"意"真实无妄，就需要"诚"其意。《大学》内圣外王的八目中，"诚意"起着基础性关键作用，自我道德修养不能放心于外物，诚意、正心、修身三目是人自我道德修养工夫实践。传统儒家普遍认为，只要意真诚、心纯正、自我道德完善，就能实现家齐、国治和天下平的道德理想。"诚意"的特征含义主要是真诚而"毋自欺"，是真实无妄地"自谦"。《中庸》说："道也者，不可须臾离也，可离非道也。是故君

---

① 孟子·离娄章句上 [M] //杨伯峻. 孟子译注. 北京：中华书局，1960：173.
② 孟子·尽心章句上 [M] //杨伯峻. 孟子译注. 北京：中华书局，1960：302.
③ 吴祖刚. 荀子诚论发凡 [J]. 道德与文明，2016（4）：55.

子戒慎乎其所不睹,恐惧乎其所不闻。莫见乎隐,莫显乎微,故君子慎其独也。"① 这里所说的"慎独"是指,人单独一人时都能守"道",而不会因为无人监督而随意为之,人如果能做到这一点,再保持意之"诚"就容易做到了。所以,《中庸》说先诚意才能正心,先正心才能修身,在道德修养过程中,"诚意"起着基础性的关键作用,被历代儒者所传承发挥。

2. 宋明儒者对"诚意"的阐发

"诚意"思想,在宋明时期得到了丰富和完善,周敦颐、程朱学派、陆王心学及其后学等,都对"诚意"理论的构建和发展作出了贡献。正如恩格斯所说:"历史思想家(历史在这里只是政治的、法律的、哲学的、神学的——总之,一切属于社会而不仅仅属于自然界的领域的集合名词)在每一科学部门中都有一定的材料,这些材料是从以前的各代人的思维中独立形成的,并且在这些世代相继的人们的头脑中经过了自己的独立的发展道路。"② 刘宗周"诚意"道德论的特色,也是在先儒"诚意"理论基础上研究发展而来的,他赋予了"诚"与"意"有别于先儒极具特色的内容,既吸收了传统精华,又超越了传统释义。

刘宗周首先吸收和丰富了作为宋明新儒学开山巨儒的周敦颐提出的"以诚为本"的伦理学说体系。周敦颐认为,"诚"来源于"太极",是在太极变化、化生万物中确立起来的。周敦颐也是继承了《中庸》以圣人来解释诚的思想,对圣人的理解就是一个"诚"字,即"诚者,圣人之本"③。他认为,"神"是"诚"内在的一种认识功能,圣人是"诚""神""几"三者统一的人,其中"诚"是圣人之本、是"五常之本,百行之源也"④。这是一种"以诚为本"的道德观,"五常百行"只有诚立才能具备各种德性并从事一切道德行为。当然,周敦颐提出"以诚为本"的宗旨和

---

① 高山. 中庸·第一章纲领 [M]. 北京:中国文联出版社,2007:61.
② 恩格斯. 恩格斯致弗·梅林 [M] //马克思,恩格斯. 马克思恩格斯书信选集. 北京:人民出版社,1962:509.
③ 通书·诚上第一 [M] //周敦颐. 周敦颐集. 北京:中华书局,1990.12.
④ 通书·诚下第二 [M] //周敦颐. 周敦颐集. 北京:中华书局,1990.14.

实质是对封建伦理纲常信念的对象化和神秘化，在理论上则反映了周敦颐对道德实践认识的深化。在周敦颐的思想体系里，正如陈谷嘉先生研究指出，"'诚'是一切道德发生的基础和根源，一切道德原则和规范，乃至抽象的道德观念等，均是'诚'所派生"①。

二程之学也是"以诚为本"②，把"诚"看作天理的根本道德属性，同时把"诚"视为人伦道德之大成，认为人只要有了"诚"德，其他的人伦道德也就随之有了。朱熹则用"实"解释"诚"，"盖诚之为言，实而已矣"，他一方面把"诚"看作形上的本体的理，另一方面又把"诚"看作理所下贯的道德。他吸收和发挥了《中庸》对"诚"的解释，"诚者物之终始，不诚无物是故君子诚之为贵"③，认为世上没有"不实之物"的道理，不合乎自然之理的自然物是不可能存在的。总之，在程朱学派的思想体系中，"诚"是一种道德本体，是人道所要达到的最高境界，也是达到最高境界的手段。

明代以前，"诚意"之"意"基本作"已发"之意理解；明以后，"诚意"之"意"开始变化。胡居仁说："意者，心有专主之谓，《大学》解以为心之所发，恐未然。盖心之发，情也。惟朱子《训蒙诗》言'意乃情专所主时'为近。"④ 这里讲的"意"已不是"已发"之意，"心有所存主，故有意"，"主敬是有意"⑤，而更多地强调"未发"之意。会有这种明显的分化的根本原因在于阳明后学对阳明学的背离，阳明不赞成朱熹将"格物"解释为"格天下之物"，主张"格物"应当是一种"为善去恶"的道德实践工夫。因此，王阳明总是把"诚意"置于修身工夫中的中心位置，即"学问的大头脑处"，"《大学》工夫只是诚意，诚意之极便是至善"。⑥ 阳明

---

① 陈谷嘉. 宋代理学伦理思想研究 [M]. 长沙：湖南大学出版社，2004：202.
② 程颐，程颢. 二程集 [M]. 北京：中华书局，1981：331.
③ 中庸章句 [M] //朱熹. 四书章句集注. 北京：中华书局，1983：34.
④ 崇仁学案二 [M] //黄宗羲. 明儒学案：卷五. 北京：中华书局，1985：38.
⑤ 崇仁学案二 [M] //黄宗羲. 明儒学案：卷二. 北京：中华书局，1985：36.
⑥ 刘宗周. 阳明传信录 [M] //吴光. 刘宗周全集：第5册. 杭州：浙江古籍出版社，2007：71.

在讨论如何成就道德人格问题的时候，强调"诚意"的优先性，以至于著名的"四句教"主要表达的是对"意为心之所发"的理解，"意"即是意念、意向的意识。阳明进一步阐述，"诚意"在《大学》修身"四条目"环节中处于承上启下的地位。刘宗周不赞同王阳明这样的定论，他创造了自己的四句教来修正阳明的"四句教"，分歧根源就在于对"意"的认识上。刘宗周说，"先生解《大学》于'意'字原看不清楚，所以于'四条目'处未免架屋叠床至此"①，使四句教法不能归一，而门人后学失其本色，最终导致"以情识为良知，以想像为本体"②。

自阳明后，其门人后学对阳明"意"的阐释分化更明显。如王龙溪、钱德洪，龙溪反对阳明的"四句教"而自创"四无"说；钱德洪则主张恢复先天之性，从后天意念上去为善去恶。简单来说，在道德修养上王龙溪强调"悟"的作用，钱德洪强调"修"的作用。所以，钱德洪认为"意"是有善有恶的，反对王龙溪的"四无"说，但他们都认同并发挥了阳明对"意"是后天"已发"的认识，认为世间有不善都是因意之动造成的，"吾人一切世情嗜欲皆从意省。心本至善，动于意，始有不善"③。王畿接续阳明，以先天与后天的角度来区别正心与诚意，指出，"正心先天之学也，诚意后天之学也"④。阳明后学中还有两派对"意"的认识较有代表性，一个是江右的王时槐，认为意不可以动静言也。动静是念，不是意，故"念不可去，心不可守。真念本无念也"⑤，反对将"意"看作是"念"的东西，应是几于有无之间，而且作为独之微的"意"与"性体"有着紧密的联系，但"意"本身并不能独立地对"念"有主宰作用。另一个是泰州的王栋，

---

① 刘宗周. 阳明传信录 [M] //吴光. 刘宗周全集：第5册. 杭州：浙江古籍出版社，2007：92.
② 刘宗周. 阳明传信录 [M] //吴光. 刘宗周全集：第5册. 杭州：浙江古籍出版社，2007：92.
③ 浙中王门学案二·郎中王龙溪先生畿·语录 [M] //黄宗羲. 明儒学案：卷十二. 北京：中华书局，1985：240.
④ 浙中王门学案二·郎中王龙溪先生畿·语录 [M] //黄宗羲. 明儒学案：卷十二. 北京：中华书局，1985：238.
⑤ 江右王门学案五·太常王塘南先生时槐 [M] //黄宗羲. 明儒学案：卷二十. 北京：中华书局，1985：468.

他更明确地从"心"的主宰处说"意",认为"意"是心中定向的东西,批判了"意为心之所发"的观点,"自心之主宰而言,谓之意。心则灵虚而善应,意有定向而中涵,非谓心无主宰,赖意主之"①,又说"诚意工夫,全在慎独,独即意之别名,慎即诚之用力者耳"②。王栋对"意"的阐述和认识与刘宗周认为意为"心中主宰""心之定盘针"等认识极为相近。关于"独"与"慎独"的概念内涵及重要作用等思想理论,刘宗周的阐述都相近,都极为重视"慎独"。有学者认为是刘宗周沿用了王栋的诚意观点,目前并没有学者的史据研究表明他研究过王栋的这些思想,有待探讨。"诚意"的思想从原始具有诚德的观念,发展到周敦颐、程朱、王阳明的不同阐释,体现的都是对"诚"的继承与丰富,同时也彰显着不同时代不同儒者对"意"理解的多元化和创作型,这说明诚意思想经历几千年的丰富发展,已是中国传统伦理思想中的一笔宝贵的知识和精神财富。对于诚意与慎独的关系,刘宗周在深入研究《大学》及阳明学派的理论后,概括性指出:"《大学》之道,诚意而已矣。诚意之功,慎独而已矣。意也者,至善归宿之地,其为物不二,故曰独。"③ 作为刘宗周学宗旨趣的"诚意"道德理论,蕴含深刻哲理和创见,要全面了解刘宗周慎独伦理思想,不仅要梳理周程朱陆王的思想影响,也要十分注重回到儒家元典中探究。

3. "意"与"诚意"的道德意义

刘宗周在先儒有关"诚意"理论阐释的研究基础上,赋予了"意"与"诚意"独特的理论意义,这与他的学说传承、成长环境和时代背景息息相关。刘宗周早年修"主敬"受程朱理学影响甚深,但未形成自己的学术体系,直到天启五年,他被革职位为民,在解吟轩讲学倡导"慎独"才有其创见和特色。崇祯晚期,刘宗周奏疏直谏又提不出立竿见影的有效御敌之

---

① 泰州学案一·教谕王一庵先生栋·语录 [M] //黄宗羲. 明儒学案: 卷三十二. 北京: 中华书局, 1985: 734.
② 泰州学案一·教谕王一庵先生栋·语录 [M] //黄宗羲. 明儒学案: 卷三十二. 北京: 中华书局, 1985: 365.
③ 蕺山学案 [M] //黄宗羲. 明儒学案: 卷六十二. 北京: 中华书局, 1985: 1592.

法，为崇祯不满被革职为民，回乡继续著书讲学。刘宗周认为："大学之道，诚意而已。诚意之功，慎独而已矣。"① 他在《阳明传信录》中直言"仆近时与朋友论学，惟说立诚二字"②。这些都表明刘宗周晚年对"诚意"有精深的研究，才会有其子刘汋提出的先生之学晚年"归本于诚意"的说法。"'独'即'意'也"③，刘宗周把"意"抽象上升为囊括客观物质和主观意识的形而上学实体地位，而且带有浓厚的道德意志倾向。追根溯源，"诚意"说自《大学》提出赋予"诚"以为善去恶毋自欺之义，是指履行道德规范中真实无妄的心理状态，只具有道德修养的意义。但到了宋明间，众多儒者却为"诚意"赋予了丰富多样的新思想，而如刘宗周赋予"意"以宇宙本原与道德本体的双重含义，是前人所未有的，而且用大量篇幅和友人学生谈论了"意"与"念""思"的区别，并提出"意"与"知""物"的内在联系，独树一帜。

《中庸》中的"诚"，既是人要达到的一种境界，又是一种重要的修养方法。朱熹把"诚"看作形上本体的理与形下的道德问题。刘宗周在继承前人的思想基础上发展出自己的一套"诚意"体独的道德体系，整体性体现在他统合了道德本体与工夫。他对"意"与"诚意"有极其细致入微的体认，把"诚意"视为根本的修养工夫，又把本体之心意知物与工夫之格致诚正一以贯之在本体与工夫之中。"意根最微，诚体本天；本天者，至善者也。……彼于此寻个下手工夫，惟有慎之一法，乃得还他本位，曰独。"④ 刘宗周指出"诚"来源于天，"意"在于人，天的至善本性要人们在"意根"中才能体现，由此，他把"诚意"从道德修养论提到了道德本体论的高度，在"意根"呈现"诚"的巨大作用，赋予了其形而上的性质。刘宗

---

① 刘汋. 蕺山刘子年谱 [M] //吴光. 刘宗周全集：第6册. 杭州：浙江古籍出版社，2007：129.

② 刘宗周. 阳明传信录 [M] //吴光. 刘宗周全集：第5册. 杭州：浙江古籍出版社，2007：52.

③ 刘宗周. 答史子复 [M] //吴光. 刘宗周全集：第3册. 杭州：浙江古籍出版社，2007：380.

④ 刘宗周. 学言下 [M] //吴光. 刘宗周全集：第2册. 杭州：浙江古籍出版社，2007：453 - 454.

周还说:"心体仍是一个。一者,诚也。意本一,故以诚还之,非意本有两,而吾以诚之者一之也。"① 他认为"诚意"在作修养工夫讲时,人力是在上的,这时的主宰之意在下,因为人力如果不在上就会使私欲显现,就会导致求善求不到,想去恶则去不了。因此,从一定的角度讲,"诚意"是"意"的实现工夫,"意"是"诚意"学说的根本范畴。此外,刘宗周还提到"妄"与"念"的概念,认为"诚"与"妄"相对,"意"与"念"不同。认为"妄",即是微过,是一种隐在的难见其真实面目的细微过错,且"意根"细微到何种程度,"妄"便细微到何种程度。"妄"看似微不足道甚至可以忽略,却是恶的根源,随时可能使潜伏的恶暴发出来。所以,"诚"既是有先在的道德理性的性天之道,又是体现人的修养与境界的人性之道。

刘宗周的诚意慎独之学是对阳明后学之弊端极力纠正的一大产物,"今之贼道者,非不知之患,而不致之患,不失之情识,则失之玄虚,皆坐不诚之病,而求之于意根者疏也。故学以诚意为极则,而不虑之良于此起照,后觉之任,其在斯乎?"② 这种纠正从"意根"上救起,以"诚意"作为独体的至善之意,作为道德修养的根本之方。

二、意者心之本

历代儒者对"诚意"的最初理解几乎都离不开《大学》,但最终的发展成形却千姿百态。朱子学说系统以"格物"为重心,阳明以"良知"为中心,重心在致知。刘宗周则将重点放在"诚意"上,强调"意"在"心"上。如前所述,刘宗周讲的"意"是抽象的本体,是心之主宰,是心之所存的先天的意向。

---

① 刘宗周. 学言下 [M] //吴光. 刘宗周全集:第2册. 杭州:浙江古籍出版社,2007:443.
② 刘宗周. 证学杂解 [M] //吴光. 刘宗周全集:第2册. 杭州:浙江古籍出版社,2007:278.

1. 心之主宰曰意

刘宗周认为，《大学》是从心体出发讲"慎独"的，"所谓诚其意者，毋自欺也，如恶恶臭，如好好色，此之谓自慊，故君子必慎其独也"，强调的是"诚"。他也认为"诚"是"慎独"在心性上的一种体现。"程子曰：'学始于不欺暗室。'又曰：'无妄之为诚，不欺其次矣。'"① "意"作为心之所存，最本质的属性就是"主宰"，是人内心深处决定心念的方向一种倾向，"心之所向曰'意'"②，是一种至善潜存。"意"在刘宗周的思想里占据着道德本体的重要位置，从道德理性上讲是先天固有的纯粹至善的，它指导着人的思想和行为。刘宗周把这种"意"称为"诚体"，人的思想和行为有时候会出现偏差或有不善，是因为"诚体"被蒙蔽了，人受"意"指导的行为是合乎天理的。我们还可以从刘宗周对圣人与凡人的差异中理解"意"和"诚体"。他说："百姓日用而不知，惟其定盘针时时做得主，所以日用得着。不知之知，恍然诚体流露。圣人知之，而与百姓同日用，则意于是乎诚矣。诚无为，才走思勉，则不诚。不诚则非意之本体矣。观诚之为意，益知意为心之主宰，不属动念矣。"③ 他以圣人与百姓对"诚体"的知与否作区别，百姓对自身具有的"诚体"是"日用而不知"的，圣人对自己的"诚体"是"知之"的。所以，圣人与凡人的区别在于对"诚体"自知与否，圣人自觉"诚意"保持本体至善状态，所以行为合乎天理；由于对"诚体"的不自觉，凡人可能被蒙蔽，而导致思想和行为偏离，甚至出现过或恶，这就需要不断迁善改过。"诚体"主宰人的思想和行为，不管人自知与否都在发生作用。在前人的理论基础上，刘宗周对"诚"与"意"的分析更加透彻深刻，是理论辩证与道德实践相统一的结果。

刘宗周把"意"提升到道德本体论意蕴高度，也是以"天道"为依据

---

① 刘宗周. 独体篇·人谱 [M] //吴光. 刘宗周全集：第 2 册. 杭州：浙江古籍出版社，2007：23.

② 刘宗周. 答董生心意十问 [M] //吴光. 刘宗周全集：第 2 册. 杭州：浙江古籍出版社，2007：341.

③ 蕺山学案·来学问答 [M] //黄宗羲. 明儒学案：卷六十二. 北京：中华书局，1985：1555.

的,他认为"天道"是"人心"的根据,"天,一也,自其主宰而言,谓之帝。心,一也,自其主宰而言谓之意"①,"气"则是天道中万物的实体,是最根本的存在,是道体、性体和心体的基础,"盈天地间一气而已矣,有气斯有数,有数斯有象,有象斯有名,有名斯有物,有物斯有性,有性斯有道,故道其后起也"②。他提出"道"的基础是"气",气是本质的存在,人生存的自然基础是天道,而天道就是气。所以,他说:"天者,万物之总名,非与物为君也;道者,万器之总名,非与器为体也;性者,万形之总名,非与形为偶也。"③ 这句话中提到了天、道与性多个概念,且逐一对其进行了阐释,"天"是包容万物的,一切事物都在天的范围内,没有天之外之物;"道"是一个相对的概念,是对器物而言的道;"性"是具体的东西的属性、性质的总和。刘宗周对天、道与性的概念作出分析明确界定后,提出了天道的实践者——人,成人成己才是修身的目的,才是最终的道德理想。儒家探求修养工夫,就是要在修养的基础上达于天道而成为圣人。有了前面的分析,刘宗周认为人本身的、内在的东西才是人达于天道的根据所在,这个内在就是"意"。天道运行有既定秩序和方向,这个"意"也是符合天道的。他自称观北辰而得君道,从而得心学,天一气周流,无时不运旋,独有北辰处一点不动,如磨心车毂然。万化皆从此出,故曰天枢。④ 这里"天枢"即天的枢纽和主宰,是天道运行的关键;人的运行与天的运行一致,人心也有枢纽和主宰,那就是"意"。所以,他认为,"心,一也。自其主宰而言,谓之意",意有至善本体之含义,仁义礼智存于心的四端,赞化万物都在意中体现,"心体所谓四端完善,参天地而赞化育,尽在意中"。⑤

---

① 刘宗周. 学言下 [M] //吴光. 刘宗周全集:第 2 册. 杭州:浙江古籍出版社,2007:442.
② 蕺山学案·语录 [M] //黄宗羲. 明儒学案:卷六十二. 北京:中华书局,1985:1522.
③ 蕺山学案·语录 [M] //黄宗羲. 明儒学案:卷六十二. 北京:中华书局,1985:1522.
④ 刘宗周. 论语学案 [M] //吴光. 刘宗周全集:第 1 册. 杭州:浙江古籍出版社,2007:277.
⑤ 刘宗周. 学言下 [M] //吴光. 刘宗周全集:第 2 册. 杭州:浙江古籍出版社,2007:443.

2. 意为心之定盘针

刘宗周认为,意为心本,如指南针似的有潜在的指向主宰着心,"心之主宰曰意,故意为心本,不是以意生心,故曰'本'。犹身里言心,心为身本"①。这与阳明认为"身之主宰便是心,心之所发便是意"前半截相似,都认为心是身体的主宰,但后半截根本区别就在于"意"是"已发"还是"未发"上。为了让人理解他的创见,刘宗周用指南针的属性比喻解释心之本体,"心所向曰意,正是盘针之必向南也,只向南,非起身至南也。凡言向者,皆指定向而言,离定字,便无向字可下,可知意为心之主宰矣"②。指南针的属性就是指南之向,而这只是一种始终潜存的"向",是明确了的一个方向而已。这与刘宗周理解的心之本体是指意识主体的一种原始的潜在的意向意思一样,都是指未发的潜在能动性。所以,"意"作为人心的内在意向就如指南针一样决定人的思想和行为方向,也就主宰了心的方向。人的思想行为离开"意"的定向指导,就会迷失方向而偏离天理。他认为,《大学》以好恶来认识诚意,这个好恶是人内在的一种好恶意向,是一种决定意念的本质倾向。意为心之主宰有时候并不容易为一般人所理解,刘宗周举例用以说明"意"作为心的定盘针,是所有人都具有的。

为了更明白地理解"意"如心之定盘针的内涵实质,挽救王学弊端,刘宗周提出要把握住"念"与"意"、"识"与"知"两对概念在内涵上的区别。刘宗周首先深刻阐释"念"与"意"的差别。他认为,"念"虽然也是贮藏在"心"里的,但它与"意"有本质区别:"念"是可体验到的,有念起念灭;"意"则是无起无灭,是真正潜存于心的定盘针。"意"是"念"的发生所遵循的方向,也可用指南针来加以说明,当指南针在现实的指方向时是"念"的发生,而无论如何指南针必指向南的性质是"意",意是决定"念"的方向的内在"精神",儒学晦暗不明流入狂禅,有个重要的

---

① 刘宗周.学言下[M]//吴光.刘宗周全集:第 2 册.杭州:浙江古籍出版社,2007:447.

② 蕺山学案·来学问答[M]//黄宗羲.明儒学案:卷六十二.北京:中华书局,1985:1557.

第三章 "诚意"体独的道德论

原因就是都以"念"作为"意"来理解和体悟了,"今人鲜有不以念为意,呜呼! 觉之所以当不明也"①。"意是本善的,但不诚,则流失之病有无所不至者,然初意原不如是。"② 如何把握"诚意"道德修养的至善性呢? 刘宗周认为,要从"良知""意根"处着下手工夫,因为"从良知定主意则诚,从情识定主意则欺而伪"③,"意根最微,诚体本天",而认知意的关键在于"思诚"而"毋自欺","诚意云者,即思诚一点工夫归宿工夫也"④。如何"思诚"保持至善之体呢? 刘宗周认为要进一步把握"识"与"知"的关系,虽然二者相近,但王学常常以"识"当作"知",学人应理解"知"在善不善之先,而非善不善之后,"知在善不善之先,故能使闪断充张,而恶不自起"⑤,要诚其意,首先要至其知,"知远之近,知风之自知微之显"⑥。只有充分认识和践行"知"和"意",把握住诚意修养真工夫,才不至于导致流弊日甚的堪忧局面。在此刘宗周还强调了"戒惧"也不是"念",可以看作"思",而思就是"思诚",只有"思动于欲为念",所以人们要除去的是"欲念"而不是"思"。所以,刘宗周反对空谈德性,而应提倡人应该在事上去磨砺。

"意者,心之所以为心也。止言心,则心只是径寸虚体耳。著个意字,方见下了定盘针,有子午可指。然定盘针与盘子,终是两物。意之于心,只是虚体中一点精神。"⑦ 刘宗周认为心之所以为心,是因为意的作用,意是虚体中犹如定盘针的一点精神,人心有了"意"这一点精神就有方向和

---

① 刘宗周. 答董生心意十问 [M]//吴光. 刘宗周全集:第 2 册. 杭州:浙江古籍出版社,2007:339.

② 刘宗周. 学言下 [M]//吴光. 刘宗周全集:第 2 册. 杭州:浙江古籍出版社,2007:446.

③ 刘宗周. 学言下 [M]//吴光. 刘宗周全集:第 2 册. 杭州:浙江古籍出版社,2007:446.

④ 刘宗周. 答董生心意十问 [M]//吴光. 刘宗周全集:第 2 册. 杭州:浙江古籍出版社,2007:340.

⑤ 刘宗周. 学言下 [M]//吴光. 刘宗周全集:第 2 册. 杭州:浙江古籍出版社,2007:458.

⑥ 刘宗周. 学言下 [M]//吴光. 刘宗周全集:第 2 册. 杭州:浙江古籍出版社,2007:454.

⑦ 刘宗周. 答董生心意十问 [M]//吴光. 刘宗周全集:第 2 册. 杭州:浙江古籍出版社,2007:337-338.

动力，也就有了最重要的灵魂。刘宗周浓墨重彩阐发"意"，不仅在修正阳明对"意"的理解，也批评了朱熹的解释。他强调，"意者，心之所存，非所发也。朱子以所发训意，非是。"① 总之，"念"是已发，而"意"是未发，"念"是见好色而爱之见恶臭而恶之，是直观表现出来的状态。"念"必遵循心中本有的好好色、恶恶臭的"意"。这个"意"是念头发生所依据的最初意向，就如指南针向南的特性，它是人心道德意识的原始意向，所以是至善的。所以，"意"不可言起灭，欲因人的念起，无虚假便是诚，便是善。

3. 有善有恶非意之动

刘宗周认为"意"为心之所存，是超乎具体心念动静、有无的，绝对的静是不动的，是至善而不是恶的，他以此修正阳明"有善有恶意之动"，驳斥王畿的"四无"说"无心、无意、无知、无物"②，好似以利当义的异学邪术。刘宗周指出，"意为心之所存，则至静者莫如意。乃阳明子曰'有善有恶意之动'，何也？意无所为善恶，但好善恶恶而已。好恶者，此心最初之机，惟微之体也"③，同时表明了自己"有善有恶非意之动"的观点。刘宗周自始至终主张"意"不是所发，所发是"念"，这种观点的讨论非常丰富且贯彻得十分彻底。他多次强调，"意"不是后天的"好善恶恶"，而是先天善必好、恶必恶。因为，心体本来就无动静，"动静者，所乘之机也"④，"意为心之所存，则至静者莫如意"，意是心中之气，超越了心念的动静，无起无灭。人们常讲起心"动念"，却不曾讲"动意"，刘宗周对比说明了，人们常言心性、心情，并没有意性、意情，情缘于念起，而非意

---

① 刘宗周. 学言上 [M] // 吴光. 刘宗周全集：第 2 册. 杭州：浙江古籍出版社，2007：390.

② 刘宗周. 学言上 [M] // 吴光. 刘宗周全集：第 2 册. 杭州：浙江古籍出版社，2007：364.

③ 刘宗周. 学言上 [M] // 吴光. 刘宗周全集：第 2 册. 杭州：浙江古籍出版社，2007：390.

④ 刘宗周. 学言下 [M] // 吴光. 刘宗周全集：第 2 册. 杭州：浙江古籍出版社，2007：454.

动,意是心之所以为心的静存。

刘宗周主张这一点如果和"意"是所存而非所发、是好善恶恶的潜在意向结合起来看的话,"意"又是未发之中。"问:'一念不起时,意在何处?'先生曰:'一念不起时,意恰在正当处也。念有起灭,意无起灭也。'又问:'事过应寂后,意归何处?'先生曰:'意渊然在中,动而未尝动,所以静而未尝静也。'"① 这段对话表明,"意"永远都不会消失,但是会被私欲蒙蔽,由此就会产生"恶",所以"恶"是在"意"被蒙蔽后没有指向具体形下而产生的。一般人由于对"意"的存在是不自知的,这时"知"显得格外重要。君子应有三知才是全知,"三知"包含"自知、知人、知天下事"三层,为学首先要的就是自知。如果不自知,现实生活中恶的念头就会不断产生,甚至流弊四起,从而阻碍君子修身立德成仁成圣。

综上所述,刘宗周对"念"与"意"作了严密的区分,说明了产生善恶的是"念"而不是"意",得出"有善有恶非意之动"的结论。他痛心疾呼:"念有起灭,意无起灭也。今人鲜不以念为意者,呜呼!"② 提醒人们勿把"意"与"念"相混淆,以念为意。"意无起灭",因"意"为心未发的寂静状态,"正从《中庸》以未发为天下之大本,不闻以发为本也"③ 而来,"念"是欲的起动,已发便是念,"因感而动,念也。动之微而有主者,意也"④。意既是心的主宰,也是念的主宰。张立文先生在《刘宗周慎独诚意修己之学》一文中,深刻分析总结了刘宗周对"意"的认识,"'意'作为寂静未发的一点精神,却存有知善知恶、好善恶恶的价值潜能,这种价值潜能可以'一机会而互相见','一机'为意的一点精神的价值潜能;'互见'指好善的价值潜能与恶恶的价值潜能的互动互见。起念的好恶与意的

---

① 刘宗周. 答董生心意十问 [M] //吴光. 刘宗周全集:第 2 册. 杭州:浙江古籍出版社,2007:339.

② 刘宗周. 答董生心意十问 [M] //吴光. 刘宗周全集:第 2 册. 杭州:浙江古籍出版社,2007:339.

③ 刘宗周. 答叶润山四 [M] //吴光. 刘宗周全集:第 3 册. 杭州:浙江古籍出版社,2007:373.

④ 刘宗周. 原旨·原心 [M] //吴光. 刘宗周全集:第 2 册. 杭州:浙江古籍出版社,2007:279.

好恶价值潜能不同,念为已发能起灭造作,一念起而为善,则为善念;一念起而为恶,则为恶念,这便是'两在而异情'"。①

为了证明"意"与"念"不同的合理性,刘宗周对先儒"意""念"不分的观念一一作了评说:"程子云:'凡言心者,皆指已发而言。'是以念为心也。朱子云:'意者,心之所发。'是以念为意也。又以独知偏属之动,是以念为知也。阳明子以格去物欲为格物,是以念为物也。后世心学不明如此,故佛氏一切扫除,专以死念的工夫,及其有得,又以念起念灭为妙用。"②儒者大多"以念为意"混淆二者差别,还常常"以念为知""以念为心",杂糅佛氏"念起念灭之妙用",导致心学不明。刘宗周甚至总结性评价道,"未明大道,非认贼作子,则认子做贼"③,指责阳明后学对自身儒家传统学说不自知、不自信,缺乏常理性认识的表现。刘宗周不遗余力批判"以念为心、以念为意、以念为知、以念为物"等观点,目的就是要突出"意"的道德本体意义及价值,体现"意"的独立性和指向性,以强调人的自律性。

所以,他说:"后之解诚意者,吾惑焉,曰'意者心之所发',则谁为所存乎?曰'有善有恶意之动',又谁为好之恶之者乎?⋯⋯诸儒补之以传而反离,缀之以敬而益赘,主之以良知之说而近凿,合之以止修而近支。"④也就是说,朱熹将"意"释为心之所发固然受到刘宗周的极力反对,王阳明的"有善有恶意之动"也同样不为刘宗周所认同,他的修正批判是全面而深刻的。

---

① 张立文.刘宗周慎独诚意的修己之学[J].江南大学学报,2012(2):11.
② 刘宗周.学言中[M]//吴光.刘宗周全集:第2册.杭州:浙江古籍出版社,2007:420.
③ 刘宗周.学言中[M]//吴光.刘宗周全集:第2册.杭州:浙江古籍出版社,2007:420.
④ 刘宗周.读大学[M]//吴光.刘宗周全集:第4册.杭州:浙江古籍出版社,2007:417-418.

三、"八目"以"诚意"为本

刘宗周的思想富有创造性,他笃信《大学》,著有《大学古文参疑》《大学古记》《大学古记约义》《大学杂言》各一卷,还有杂著《读大学》一则。刘宗周甚至认为:"盈天地间无一人可废此学,无一时可废此学,无一事可废此学。自由天地,便有此道,自有人生当有此学问。"① 他以《大学》来论证"诚意"思想,坚信自己以"诚意"来理解《大学》是发扬醇儒道统。刘宗周认为,"诚意"为修身之本,"修身,本也;诚意,本之本也"②,修身养性的前提就是要诚意,"大学之道诚意而已"③。他认为《大学》"八目"道德修养的根本,在于"诚意"。他劝诫学者,"如欲为大人,请从事《大学》而可"④。

1. 致知非明德之要

刘宗周认为《大学》之"致知为诚意而设,如《中庸》之明善为诚身而设也。盖惟知本,斯知诚意之为本而本之,本之斯止之矣。亦惟知止,斯诚意之为止而止之,止之斯至之矣"⑤,表明刘宗周认为"致知"之"知"就是"知所先后"之"知",与阳明学的认知差别很大,后者将"致知"之"知"解释成直指德性的"良知"。刘宗周认为阳明将"致知"之"知"解释成"良知"有失偏颇,直指阳明将"良知"转架于"明德"之

---

① 刘宗周. 大学古文约义 [M] // 吴光. 刘宗周全集:第1册. 杭州:浙江古籍出版社,2007:641.
② 刘宗周. 大学古文参疑 [M] // 吴光. 刘宗周全集:第1册. 杭州:浙江古籍出版社,2007:624.
③ 刘宗周. 读大学 [M] // 吴光. 刘宗周全集:第4册. 杭州:浙江古籍出版社,2007:417.
④ 刘宗周. 大学古文约义 [M] // 吴光. 刘宗周全集:第1册. 杭州:浙江古籍出版社,2007:640.
⑤ 刘宗周. 大学古文参疑 [M] // 吴光. 刘宗周全集:第1册. 杭州:浙江古籍出版社,2007:613.

上是"叠床架屋",有失真义。他说:"阳明子之言良知,从'明德'二字换出,亦从'知止'二字落根,盖悟后喝语也。而不必以之解《大学》,以《大学》原有'明德''知止'字义也。今于一章之中,必分'格物'之'物'非'物有本末'之'物',必分'致知'之'知'非'知本''知止'之知,且犹以为不足也,必撰一'良'字以附益之,岂不画蛇添足乎?"①他认为如果按照王阳明的意思用"良知"来解释"知",很明显就会出现两个道德本体,因为在《大学》中"明德"本身就是道德本体,而王阳明的"良知"也是道德本体,这样就不是一本之道,而是"二本"了。所以,刘宗周要强调"意",而对"知"的含义和层次特征进行了全面解析。他指出,"致知工夫,不是另一项,仍只就诚意中看出",如果离开"意根"一步,便没有"致知"可言,因为离开意之至善便是人伪,"欲"和"伪"都会阻碍真"知"的获得,所以,唯有诚意。

在这些理论认识基础上,刘宗周开始着手从《大学》挖掘"诚意"道德修养理论,极力维护至善的"意"。他要让学人认识到,应使"意"不被邪恶蒙蔽而始终保持好善恶恶之意向,"意诚,则心之主宰处止于至善而不迁矣"②。《大学》中所立的八条目是儒家内圣外王之学的修养纲目,后世儒学大家对其有丰富的诠释。但刘宗周强调,《大学》之道"诚意而已矣",而"格物致知总为诚意而设……故诚意者,《大学》之专义也,前此不必在致知,后此不必在于正心也,亦《大学》之完义也,后此无正心之功,并无修齐治平之功也"③,他追溯《大学》古本和后儒所言进行比对,认为后儒是改变了原有《大学》本意,"诚意"才应该是《大学》格物、致知、诚意、正心、修身、齐家、治国、平天下八条目中最重要的概念,是统摄这些条目的灵魂。王阳明在解读《大学》基础上,提出"致良知"即可成

---

① 刘宗周. 答史子复二 [M] //吴光. 刘宗周全集:第 3 册. 杭州:浙江古籍出版社,2007:387.
② 刘宗周. 学言下 [M] //吴光. 刘宗周全集:第 2 册. 杭州:浙江古籍出版社,2007:458-459.
③ 刘宗周. 读大学 [M] //吴光. 刘宗周全集:第 4 册. 杭州:浙江古籍出版社,2007:417.

就内圣外王境界，刘宗周则主张《大学》之道，"诚意"而已。他如此定位《大学》的理论依据，来源于他研究古本《大学》，其中序言首章就讲了"《大学》之要，诚意而已"，并没有说"欲诚其意者，先致其知，致知在于格物"①。刘宗周说"意外无善"，"知善知恶之（良）知，即是好善恶恶之意"，"意本是生生，非由外铄我也"。②如此一来，刘宗周直接将"致良知"转移到了"诚意"上，以"诚意"取代了"致良知"，使"意"具备了主体的道德意志和理性之知双重内涵。

《大学》中的"格物"之"物"并非专指"本物"，而是特指意、心、身、家、国、天下这六项内容。一个人如果"格"这六项"物"后，便可明了其中关系，但这并不能成就圣人德行，修身成仁还须要落实"知止"工夫的，因为"格物则知本知末，且知始知终，所知止矣；知止则知至"③。他扩充了"知本"的涵义，并使"格物"之"物"转向"本物"。"知止"即是知道当止之地，"知本"则是要知道本质所在，这个本就是"意"，就是"心"。刘宗周说："格物莫要于知本。知本者，知修身为本而本之也。"④他进一步说："盖惟知本，斯知'诚意'之为本而本之；本之，斯止之矣。亦惟知止，斯知'诚意'之为止而止之；止之，斯至之矣。"⑤这里，刘宗周强调的不仅是"知止""知本"的理论认识，更要能达到"止之""本之"层面的道德实践，将理论与道德践履相统一。所以，刘宗周说，"致知非明德之要，明德乃诚意而已"。刘宗周分析"格知"的目的，也在于这种儒学"格致"上的分歧，批判"滞耳目而言知者，狗物者也；

---

① 刘宗周. 大学古文约义[M]//吴光. 刘宗周全集：第1册. 杭州：浙江古籍出版社，2007：642.

② 刘宗周. 学言下[M]//吴光. 刘宗周全集：第2册. 杭州：浙江古籍出版社，2007：468.

③ 刘宗周. 大学古文约义[M]//吴光. 刘宗周全集：第1册. 杭州：浙江古籍出版社，2007：644.

④ 刘宗周. 大学古记约义[M]//吴光. 刘宗周全集：第1册. 杭州：浙江古籍出版社，2007：650.

⑤ 刘宗周. 大学古文参疑[M]//吴光. 刘宗周全集：第1册. 杭州：浙江古籍出版社，2007：613.

离耳目而言知者，遗物者也"①，而这两种弊端主要体现于前者只盯着一草一木用工夫，后者又陷于无善无恶的境地。"故阳明以朱子为支离，后人又以阳明之徒为佛、老，两者交讥而相矫之，不相为病。"② 面对王阳明以为朱子认识是支离的，而后人又批判阳明后学陷入佛老的问题情形，刘宗周提出应该对比折中此二者。所以，刘宗周喜统合的学说特色，是在这一"折中"思路下展开的，牟宗三先生界定宗周学是程朱与陆王两派之外的第三体系，是有丰富的理论根源的。

2. 正心非八目之本

在刘宗周看来，学问从来都只有一个工夫，先儒曲解了《大学》诚意之"意"的本来含义，使其支离，导致学术不明，"从来学问只有一个工夫，凡分内分外，分动分静，说有说无，辟成两下，总属支离"③。刘宗周认为，《大学》的主旨是一以贯之的，而非先儒理解的需要步步循序渐进才得以完成，"《大学》是一贯的血脉，不是循序的工夫。今人以循序求《大学》，故谓格致之后，另有诚意工夫；诚意之后，另有正心工夫。岂正心之后，又有修齐治平工夫邪？"④ 刘宗周对先儒循序求《大学》之旨的方法深表质疑，且痛加驳斥，认为这种支离的求知方式是学问越辩越疑，越变越晦的重要原因。归根结底都是先儒对"意"的未发状态和至善之"体独"辨认不清。所以，他说："予尝谓学术不明，只是《大学》之教不明。《大学》之教不明，不争格致之辩，而实在诚正之辩。……诚正之辩，所关学问甚大，辩意不清，则以起灭为情缘；辩心不明，则以虚无落幻相。两者相为表里，言有言无，不可方物。即区区一点良知，亦终日受其颠倒拨弄

---

① 刘宗周. 大学古记约义 [M]//吴光. 刘宗周全集：第 1 册. 杭州：浙江古籍出版社，2007：648.

② 刘宗周. 大学古记约义 [M]//吴光. 刘宗周全集：第 1 册. 杭州：浙江古籍出版社，2007：648.

③ 刘宗周. 学言下 [M]//吴光. 刘宗周全集：第 2 册. 杭州：浙江古籍出版社，2007：452.

④ 刘宗周. 学言下 [M]//吴光. 刘宗周全集：第 2 册. 杭州：浙江古籍出版社，2007：452.

而不自明，适以为济恶之具而已。"① 刘宗周又说："心无体，以意为体；意无体，以知为体；知无体；以物为体；物无用，以知为用；知无用，以意为用……"② 这里讲的"物无体"中之"体"是指"用"。刘宗周还说："物有身与家国天下，是心之无尽藏处。"③ 我们知道，尽管"身与天下、国、家"也是心之外的客观事务，但只是代表一类事件的集合体，这些事件都只是人心活动的表现，是人现实的道德实践的具本对象。刘宗周指出"正心非八目之本"，源于"但言修之先正，非实言正心之功也。欲正其心者，先诚其意，意诚而心自正"④，由此看出，诚意还是关键，有诚意心自正。如果认为诚意之后还有个正心工夫，那就错了。

《中庸》所说的"不诚无物"，物也是理，此理是心之条理之展现。道德活动都来自于人的内心，人潜在的内心之道德需要是外在道德活动产生的来源。"格物"在刘宗周那里有了"明善"的意义。刘宗周的"诚意"思想由此逐渐发微，最终发展为自成一体的理论体系。刘宗周对"物"的独特理解和特别关注，体现在他把"物"指向人的内心深处，同时他又强调具体的道德实践的作用，这就是"慎独"。所以，"格物"既是人独处时指向内心的道德省察，又是人实际接触过程中的道德体认，在动静去辨明心灵深处最深微的道德本体。

刘宗周说："意根最微，诚体本天；本天者，至善者也。"⑤ "诚意"才是"八目之本"，也就说道德修养的根本在于守住"诚意"，至善而得真止，并不是要再修"正心"之功才达到。因为，"独体"在刘宗周那里本来就是至善的，所要本无须正心，"欲正心者，先诚其意，意诚而心自正矣。以

---

① 刘宗周. 学言下 [M] //吴光. 刘宗周全集：第 2 册. 杭州：浙江古籍出版社，2007：452.
② 刘宗周. 学言中 [M] //吴光. 刘宗周全集：第 2 册. 杭州：浙江古籍出版社，2007：450.
③ 刘宗周. 学言上 [M] //吴光. 刘宗周全集：第 1 册. 杭州：浙江古籍出版社，2007：377.
④ 刘宗周. 大学古记 [M] //吴光. 刘宗周全集：第 1 册. 杭州：浙江古籍出版社，2007：630.
⑤ 刘宗周. 学言下 [M] //吴光. 刘宗周全集：第 2 册. 杭州：浙江古籍出版社，2007：453.

为诚意之后，复有正心之功者，谬也"①。

3. 诚意即为体独

刘宗周认为，宇宙大化流行，无时或息，太极为万化中之主宰、宇宙之独体；而人心中之独体，则为"意"，君子为学是以"诚意为极则"。刘宗周认为"意"字即独体，诚的工夫即慎。就是说，心中的"意"根为天道之诚所凝聚而成，此意根就是独体。所以，"古人慎独之学，固在意根上讨分晓，然其工夫必用到切实处，见之躬行"②。他还引证阐释了《中庸》所言"君子之道，造端乎夫妇"，他认为在人伦关系的五伦之中，虽然君臣关系为大，但夫妇之道才是五伦的根本，"五伦以君父为大，而夫妇为本也"，所以，"止言子臣弟友，而不及为人夫"。换句话说，君子能成为合格的"子臣弟友"四者，自然是一位好人夫，因为"乃知幽独一关，惟妻子最为严，于此行不去，更无慎独可说"③。在此基础上，刘宗周更是提出"独之外别无本体，慎独之外别无功夫"④。

成圣成贤，完善自我，是刘宗周一生为人操守的道德准则。刘宗周将人的自律本性发挥到了极致，他对成圣成贤的追求就理论上而言，具体体现在对"意"的道德本体义的提升、对"意"的主宰义的赋予和对"意"的至善本性的阐释说明上。他说："吾儒以日喻心，光明常照，内中自有生生不已之机。"刘宗将"生生不已之机"看作人的精神性实体、人的生命主宰，彰显了道德主体的自主性和能动性，体现了本心对道德修养和实践的主宰。他进一步概括，"盈天地间，皆物也。人其生而最灵者也。生气于虚，故灵，而心其统也，生生之主"⑤，心为万物生生之主，如果本心"一

---

① 刘宗周. 大学古记 [M] // 吴光. 刘宗周全集：第 1 册. 杭州：浙江古籍出版社，2007：630.

② 刘宗周. 证学杂解 [M] // 吴光. 刘宗周全集：第 2 册. 杭州：浙江古籍出版社，2007：264.

③ 刘宗周. 证学杂解 [M] // 吴光. 刘宗周全集：第 2 册. 杭州：浙江古籍出版社，2007：264.

④ 刘宗周. 中庸首章说 [M] // 吴光. 刘宗周全集：第 2 册. 杭州：浙江古籍出版社，2007：299.

⑤ 刘宗周. 原心 [M] // 吴光. 刘宗周全集：第 2 册. 杭州：浙江古籍出版社，2007：279.

事不做主",就会"事事不做主",导致做任何事情无所顾忌;如果本心"事事做得主",自然就不会为利害所蒙蔽。因此,善与不善在于心之有主与无主之间。在刘宗周看来,人的思想和行为只要照着"事事做得主"的本心去,时刻保持"意根"的道德正当性,不要被私欲蒙蔽,那么人就会达到德性的境界。人的本心是不能被蒙蔽欺骗的,本心的清明保证了人的思想和行为的道德性。在自主选择的形式下,人的本心完全是出于主体的内在自觉与自愿去追求善和排斥恶的,不在于外力的强制和约束。

在刘宗周看来,对道德实践活动的认识要深入内心、明察心体,不能停留在对表象的所见所闻上。具体来说就是,道德活动是外在于现实世界的,它有其内在的根源,其根源就是"独体"。刘宗周进一步阐释,"独体惺惺,本无须臾之间,故一念未起之中,耳目有所不及加,而天下之可睹可闻者,即于此而在"。① 由此看,"独"如同"意"是念头未起之时的"未发"状态,的道德本体。具体来看"喜怒哀乐未发谓之中"则是此"体独",特性是"亦隐且微"的。正所谓,"道所不睹不闻处,正独知之地也",唯有"慎独"才能搞清楚"独"之妙,才能体悟到"未发而常发"。所以,刘宗周总结道,"极天下之之妙者矣,而约其旨不过曰'慎独'"。②

朱熹发挥了程颐在《伊川易传》所言:"至微者理也,至著者象也;体用一源,显微无间",认为体在用中,用不离体。刘宗周也用"体用一源,显微无间"来阐释以"独"为体,以"慎独"为用的道德本体体认与工夫实践。刘宗周认为"已发"和"未发"的关系就应该是这种"体用"关系,理清了这一点才有助于理解"独体"本意。刘宗周从不同角度说明"已发"与"未发"的关系,都是要充分彰显"独体"的创见。他说:"《大学》八条目,如常山之蛇,击其首则尾应,击其尾则首应,击其中则首尾俱应。"③ 这段话从体用角度对《大学》八条目进行了诠释,心为身之

---

① 刘宗周. 中庸首章说[M]//吴光. 刘宗周全集:第2册. 杭州:浙江古籍出版社,2007:299.

② 刘宗周. 中庸首章说[M]//吴光. 刘宗周全集:第2册. 杭州:浙江古籍出版社,2007:300.

③ 刘宗周. 学言上[M]//吴光. 刘宗周全集:第2册. 杭州:浙江古籍出版社,2007:389.

"体",心之主宰是"意",所以"意"是心之本体,而"知"既"知善知恶"又"知好知恶",可以说即是意之体。刘宗周的"知"则更加充实,它是"物",是决定道德活动的最深层之体,可以称得上是"体而体者也","物"必须具体化在天下、国、家、身、心、意、知中。刘宗周有时把"物"称为"善",当"物"体现在天下、国、家、身、心、意、知中时,就可以被称为"善通天下以为量"。在这里,"善"人心体的内在道德,可以说是"体",但此"体"必须有其"用",要有所依,必须贯穿于天下、国、家、身、心、意、知中才能得以具体化。刘宗周升华了王阳明认为的心是体,用是心之用,心为一切根源的论断,提炼出"独"本体,"意为心之主宰",丰富了程朱陆王的"体用一源,显微无间"观点。

在刘宗周的"诚意"论中,"意"作为心之主宰而存在,具有意志动机的性质,能够决定后天念虑意向,"意"也是一个具有善良意志的纯粹道德主体。刘宗周强调,运用"诚意"工夫能够避免"意根"被私欲所蒙蔽,从而达到维护"意根"清明而至善无恶的目的。他指出"意根最微,诚体本天;本天者,至善者也",意是未发,"静中养出个端倪,端倪即意,即独,即天"①,固所谓,诚意即为体独。

---

① 刘宗周.会录[M]//吴光.刘宗周全集:第2册.杭州:浙江古籍出版社,2007:517.

第四章
"慎独"的道德修养论

"慎独"是传统儒学重要的理论概念,是儒家最重要的修养方法之一,思想理论基础源于儒家经典著作《大学》《中庸》。刘宗周中年时期提出"慎独"理论作为学宗,而晚年则多提"诚意",笔者认为并非其学宗就转向为"诚意"了,而是在为如何做到"慎独"提供方法论原则,这也符合他对于阳明学"始信之,中疑之,终而辩难不遗余力"的为学过程。

刘宗周将"意"和"独"提到本体的高度,推翻了历史上向来把"诚意""慎独"单纯作工夫论的理解。他将心、性作为道德本体,且把道德本体意识化的学说赋予不同于先儒的鲜明特色,具有本体论上的心学倾向、工夫论上的理学倾向,融合了程朱、陆王,却不同于二者。黄宗羲对刘宗周"工夫所至即是本体"的理论学说极为推崇。

一、"慎独"说的历史演进

所谓"慎独",是对内心道德本性的持守,是一种道德的自觉。曾子曰"吾日三省吾身"就有蕴含慎独之意,在刘宗周以"慎独"为宗旨的伦理思想的阐述中极为赞赏曾子的思想和言行,有专门篇章梳理论述曾子章句。在刘宗周以前,很多学者注释和论述过"慎独",认为它是一种唯心的自我修养方法。前人所言慎独各有所见,各有所长,而在黄宗羲看来,只有老师刘宗周的慎独学说才是儒家的真传,"圣贤之学"的精髓。那么,刘宗周用以标宗的"慎独"学说和以往的只作为道德修养方法的"慎独"理论究竟有何异同,又有何价值意义,这值得进一步梳理和探讨。

1. "慎独"的释义

"慎独"被看作传统儒家的一种道德修养工夫,最早出自《大学》《中庸》,历代学者都将之作为重要的道德修养方法和境界。《中庸》云:"道也者,不可须臾离也;可离,非道也。是故君子戒慎乎其所不睹,恐惧乎其所不闻。莫见乎隐,莫显乎微。故君子慎其独也。""慎独",就是要求人们在独处的时候,更加严格要求自己的道德行为规范,只有"慎独"才能使人"诚于中",而"形于外"。《大学》言:"所谓诚其意者,毋自欺也。如恶恶臭,如好好色,此之谓自谦。故君子必慎其独也。小人闲居为不善,无所不至,见君子而后厌然,拚其不善,而著其善。人之视己,如见其肝肺然,则何益矣。此谓诚于中形于外。故君子必慎其独也。"这里《大学》中立足于"诚意"讲"慎独",主要是强调君子慎独首要在于诚其"意"而不自欺;小人则与君子相反,常自欺欺人以为闲居为不善是他人无所知无所见。刘宗周认为,"君子之道,即小推大","君子之学,始自居室造端",所以,人能否持之以恒"慎"其"独"是区分君子小人、人禽差异的关键因素,"慎与不慎,人禽之关,不可不畏","夫不慎独则不能位育,不位育则不成其为人"①。所以,君子在独处时必须诚其"意",保持心体至善。

而《中庸》曰:"天命之谓性,率性之谓道,修道之谓教。道也者,不可须臾离也,可离非道也。是故君子戒慎乎其所不睹,恐惧乎其所不闻。莫见乎隐,莫显乎微,故君子慎其独也。"这里的"慎独",是从道为人本有即天赋的角度说人不可须臾离"道"来解释人为什么要慎独。人能离道者就非道立论,人们往往在幽暗之地,细微不见之事,以为别人听不到,看不见,最容易做出不符合"道"的行为。由此看出,《中庸》所说"慎独"与《大学》所说"慎独"都是强调人们在闲居独处之时,特别要注意保持自我警惕,加强思想意识修养,防范产生不当行为,把慎独看成了道德自律的一种极为重要的修养工夫,凸显了儒家义理的一贯性。

东汉经学家郑康成解释"慎独",并没有对《大学》和《中庸》中的慎独之意作区分辨析。他认为只要注释了其中一个就可了解另一个的含义,所以他注解《中庸》中的慎独说:"慎独者,慎其闲居之所为。小人于隐者动作言语自以为不见睹,不见闻,则必肆尽其情也。若有占听之者,是为显见于众人之中为之。"唐代经学家孔颖达注慎独说"以其隐微之处,恐其罪彰显,故君子之人恒常慎其独居",又说"虽曰独居,能谨慎守道也",就字面本义而言把慎独解释为人在闲居独处时特别要注意自我意识的道德修养。他们的解释基本忠于《大学》和《中庸》本意。

对慎独的解释,到朱熹时则得到了前所未有的发挥,朱熹把《大学》《中庸》中的"独"解释为"人所不知己所独知之地"②,这种理解广泛地被人们所接受。因为,人们认识到时常省察自己的内心道德世界,对于道德实践来说至关重要。朱熹又说:"独者,人所怨知己所独知之地也。言欲自修者知为善以去其恶,则当实用其力,而禁其自欺。……然其实与不实,盖有他人所不及知而己独知之者,故必谨之于此以审其几焉。"③ 他把

---

① 刘宗周. 证人社语录 [M] //吴光. 刘宗周全集:第 2 册. 杭州:浙江古籍出版社,2007:566.
② 中庸章句 [M] //朱熹. 四书章句集注. 北京:中华书局,1983:18.
③ 大学章句 [M] //朱熹. 四书章句集注. 北京:中华书局,1983:7.

"慎"解释为谨审和戒惧。在这点上，既与《大学》《中庸》原意相符，也与郑康成和孔颖达一致。但朱熹与他们不同之处主要有两点：一是，《中庸》著者显然是主张道与人合一论，认为道即在人自身之中，即道是先验的。"可离非道"，如果能离开人自身的那就不是人本身所固有的，则不能称之为道。朱熹却说，如不能慎独，人欲将"滋长于隐微之中，以至离道之远"，人欲会妨碍人得到道，这显然把"道"看成人自身之外的东西。这种不同体现了主观唯心论与客观唯心论的差别。二是，朱熹把"慎独"与"存天理，遏人欲"联系起来，认为慎独的目的在于存天理，遏人欲，且理欲的消长决定着慎独工夫的深浅。这样，他就把"慎独"纳入理学体系之中，成为理学家的修养方法和途径。而《大学》《中庸》作者和郑、孔之慎独只是作为一种修养论工夫，还没有形成有体系的理欲观念，特别是没有形成理欲对立的观念。朱熹的这一创见，对后儒影响深远。

明代程朱后学基本上遵循朱熹对"慎独"的解释。如，吴与弼一再重复"枕上思"的工夫，"倦卧梦寐中，时时警恐"①。薛瑄说："虽至陋室鄙处，皆当谨畏之心而不可忽，且如此就枕时，手足不敢妄动，心不敢乱想。"② 直至明中叶，王阳明心学兴起，对慎独的解释，才出现了新意。"正之问：戒惧是己所不知时工夫，慎独是己所独知时工夫，此说如何？先生（阳明）曰：只是一个工夫，无事时因是独知，有事时亦是独知，人若不知于此独知之地用力，只在所共知处用功，便是作伪，便是见君子而后厌然。此独知处，便是诚的萌芽，此处不论善念恶念，更无虚假，一是百是，一错百错，正是王霸义利诚伪善恶界头，于此一立定，便是端本澄源，便是立诚。"③ 阳明主张慎独要"独知之地用力"，倘若只在"人所共知处用功，便是作伪"，便是不诚。阳明把"独"解释为"诚"，把"独知"解释为"良知"，把"慎"的工夫看作"立"或"致"，慎独就是"立诚"，就是"致良知"。可以说，朱熹把慎独看作"存天理，遏人欲"的手段，使之与

---

① 明儒学案·崇仁学案一［M］//黄宗羲. 明儒学案. 北京：中华书局，1983：18.
② 薛敬轩瑄·师说［M］//黄宗羲. 明儒学案. 北京：中华书局，1983：18.
③ 传习录上·王文成公全书［M］//王守仁. 王阳明全集. 吴光，钱明，董平，等，编校. 上海：上海古籍出版社，2011：22.

其理学联系起来，王阳明则把它纳入"致良知"学说体系之中。

此外，《中庸》所说的"慎独"到了刘宗周那里又有了不同的意义。刘宗周认为，《大学》和《中庸》中的慎独虽然根本目的是共同的，出发点却是有区别的。他说《大学》中的慎独是"尽性之功"，《中庸》中的慎独是"尽心之功"，还说"性体即在心体中看出"①。在刘宗周看来，《中庸》的慎独，是在没有别人看见、听见，即无外在的监临下做到慎独，此必然要发挥"心"的主宰作用；《大学》则从意根上着眼，即意念未发之前下工夫。这说明前者是在意念已发之后的慎独。所以，刘宗周的慎独学说是沿着"诚意"这一思想发展的，但有其独特的意义。刘宗周揭"慎独"之说，意欲以朱学救正王学，对此梁启超先生曾评论道："王学在万历、天启间，几已与禅宗打成一片。东林领袖顾泾阳（宪成）、高景逸（攀龙）提倡格物，以救空谈之弊，自是第一次修正。刘蕺山（宗周）晚出，提倡慎独，以救放纵之弊，自是第二次修正。明清嬗代之际，王门下唯蕺山一派独盛，学风以渐趋健实。"②牟宗三则认为，"独"是心体和性体的统一。他说《大学》是就心体而言，重道德主体的能动性与创造性；《中庸》就性体而言，重道德主体具有的客观性。他还认为刘宗周"以心著性"的特征，对诚意、慎独道德工夫的理解义理间架之特殊实与胡五峰为同一系统。③

2. "慎独"的传承

"慎独"作为传统儒家重要道德修养方法和境界，正如黄宗羲所言"千年儒者，人人言慎独"为历代学者研究重视，刘宗周对传统慎独思想作了全面系统的诠释，有许多独创遍布散见于他的著作之中，如"独不离众，不睹不闻在睹闻中""人能慎独便为天地间完人"等，但他并没有将慎独的伦理思想成体系归纳，以至于其后学有不同的理解，而走向不同为学方向。当代有很多学者也对传统"慎独"释义和传承作了较为细致的梳理，如，

---

① 刘宗周.学言上［M］//吴光.刘宗周全集：第2册.杭州：浙江古籍出版社，2007：381.
② 梁启超.中国近三百年学术史［M］.上海：东方出版社，1996：47.
③ 牟宗三.心体与性体［M］.上海：上海古籍出版社，1999：426.

姚才刚的《传统儒家慎独学说浅议》等。

"慎"与"独"的概念,最早广泛见于先秦典籍中。许慎《说文解字》曰:"慎,谨也";"独,犬相得而斗也"。《大学》《中庸》开宗明义提出慎独思想,前已大量述及。此外,秦汉时期的许多典籍都曾提到过"慎独",如《礼记·礼器》篇所言"礼之以少为贵者,以其内心者也,观天下之物无可以称其德者,如此则得不以少为贵乎?是故君子慎其独也"①,强调了君子对于用来跟人交接的礼乐一定要十分小心谨慎。

汉唐之际,许多儒家学者对"慎独"思想作了阐发,如东汉郑玄、唐代孔颖达由于其学术地位,奠定了这一时期慎独学说的基本框架,还有徐干、刘勰、李翱等也对慎独思想有所论述,如郑玄说:"慎独者,慎其闲居之所为"(《十三经注疏·礼记》);徐干"夫幽微者,显之原也;孤独者,见之端也"(《中论·法象》)从显微关系来探讨慎独思想;刘勰极力描绘了慎独境界:"内无忧患,外无畏惧,独立不惭影,独寝不愧衾,上可以接神明,下可以固人伦,德被幽明,庆祥臻矣。"(《刘子新论·慎独》)② 这里说明,"慎独"能使人挺立起道德人格,进入极高的道德境界。孔颖达说:"虽曰独居,能谨慎守道也。"(《十三经注疏·礼记》)。中唐时期的李翱深受当时佛教的影响,将"慎独"解释为"守其中",主张通过扼制人欲来恢复清净的本性。这种思想实际上是宋明理学"存天理,灭人欲"之说的思想先导。总体来讲,汉唐之际,大多儒者的"慎独"说大体上是忠于《大学》《中庸》的原意的,基本上是在道德修养论层面之上来理解"慎独"之意。

宋明时期,随着理学兴起,"慎独"由此带上了浓厚的理学色彩。程颢将"慎独"与"理"紧密联系起来,"洒扫应对,便是形而上者,理无大小故也。故君子只在慎独"③,认为"慎独"是体认天理的一种工夫。朱熹把"独"解释为"人所不知而己所独知之地",朱熹这种由"独知之地"穷究理之微小者,与郑玄、孔颖达"慎独"学说完全不同,使"慎独"一词成

---

① 钱玄,钱兴奇,徐克谦,等. 礼记[M]. 长沙:岳麓书社,2001:321.
② 姚才刚. 传统儒家慎独学说浅议[J]. 求索,1999(5):83-85.
③ 二程遗书:卷十三[M]//程颢,程颐. 二程集. 北京:中华书局,1981:139.

为理学的典型术语。王阳明则认为"良知"是心之本体，有时将"良知"解释为"独知"，还说"格物即慎独，即戒惧"，他把"慎独"等同于"格物"，联系独知，则慎独可释为戒慎乎不睹不闻而已所独知这一知之明觉。如前所述，刘宗周与以前的理学家不同的是，他发展和创新了慎独学说，以"慎独"为宗，将"独"置于本体论地位，他理解中的"慎独"就是时时保持人的一颗"至善"之"本心"，是人之所以为人的关键，也是为学第一义。

总的来说，"慎独"是儒家大力提倡的一种道德修养方式，熔铸在中国传统文化的精华当中，对塑造理想人格、陶铸中华民族性格起了很大作用。刘宗周解慎独与前儒皆有所不同，他将慎独作为学说宗旨，将"独"作为心之道德本体，认为"慎独"是圣学的宗旨，是孔门代代相传的为学心法，认为人能时刻谨遵慎独，便能修身成人、成圣，甚至实现"修齐治平"的人生理想，达到"天地位，万物育"的中和地位。刘宗周用"慎"本然至善之"独"体，丰富发展了传统儒学的慎独理论，构建了一个独特的学说体系，既把慎独提高到道德本体高度，又将之作为最重要的道德修养方法，是"即心即性""即本体即工夫"的统一。

3. "慎独"的修养论意义

"慎独"是传统儒家提倡的一种道德修养方法，自形成以来，便为历代学者所倡导，到了宋明时期更是备受重视。在宋明理学发展史上，程朱一系的道德修养方式与陆王一系的道德修养方式完全不同。程朱主张将"物理"主动地转化成内在的道德知识，由"物理"而张扬道德修养。王阳明针对此问题进行以"良知论"为核心的道德革新。刘宗周以"慎独"理论统摄了程朱陆王的道德修养论，并独具特色。"慎独"说也是刘宗周的道德修养论，他在当时历史条件下提出"慎独"，主要是针对当时的士风，希望通过内省的工夫，收拾人心，使人人向善，跻于道德之域，以解救"世道之祸"。因此，理论上，他高度概括了"慎独"的重要性；践履中，刘宗周晚年为励进学行，自号"克念子"，告诫自己在做人为学上要时刻保持慎独、诚意的工夫来克除一切私欲和妄念，确保道德修养的纯然高尚。

明天启五年（1625），刘宗周提出自己的"慎独"理论，他把"独"与"心"联系起来相统一。他把"独"说成是"大本达道从此出"之处，慎独就是要"明人心本然之善"。此时，还偏重是一种自我修养工夫，一种通往"大本达道""本然之善"的方法和途径。以后，他又用"即本体及工夫"理论丰富了慎独思想，把它建立在理气统一论基础上，使其独具特色。刘宗周的慎独学说不同于以往的慎独论观点是，他的慎独学说既是一种修养论也是一种认识论。作为修养论上讲的慎独，它追求的是成为"天地间之完人"，即道德高尚人格完善的圣人之人；作为认识论上讲的慎独，则是追求高度的理性自觉刘宗周的慎独论可以说是修养论和认识论的统一。

"慎独"是在晚明阳明心学进一步禅学化情况下，为救其弊而提出的，阳明心学，从王畿以来，至晚明，或援佛入儒，或在解释阳明的"致良知"时，有的半夹禅学，有的不讳禅，在他们之间，虽有细微之差别，然更大的共同点，就是人人讲玄道妙，空虚玄妙着不到实处。刘宗周曾指出："天下争言良知矣，及其弊也，猖狂者参之以情识，而一是皆良，超洁者荡之以玄虚，而夷良于贼，亦是用智之过也。"① 晚明阳明心学不是堕入主观臆见内，就是陷入玄虚幻觉中。刘宗周初还以为此是阳明后学之误，为挽救此流弊，他提出慎独学说。为使慎独不蹈致良知之玄虚，就要在使"独"实有其体，工夫才有着落处。这样，他就把"气"引入"独"中，而理又不离气，气中有理，"独"中有气，气又在"独"中，求理也可以到"独"中求。为使慎独不落入"致良知"的后果，他极力在"独"范围内膨胀"气"，以致走到"气"可独立成论的地步，这样，在他们看来，就可以避免"致良知"的空虚，慎独就可落到实处了。在这个意义上讲，刘宗周的慎独也是对王阳明心学的修正。

刘宗周的慎独学说虽然是建立在他们理气统一论的基础上，但没有脱离心学的窠臼，所以，一部分学者将其归于阳明心学体系，他将慎独之"独"提高到本体的高度，甚至以作为"心"的别称，又凌驾于"气"之

---

① 刘宗周. 证学杂解 [M] //吴光. 刘宗周全集：第 2 册. 杭州：浙江古籍出版社，2007：278.

上，统辖着一切，是充分融合了张载"太虚即气"和程朱理学思想的。刘宗周所言的"独"是良知或心的别名，是生天生地生物的"大本"，是天地人物共同遵守的"大道"，是他的哲学体系的最高范畴，是道德本体，慎与不慎才是成人的关键。他赞成高攀龙所言"独者，独自之独，吾自知之、吾自身之而已"，刘宗周将"独"作为纯然至善的道德本体，慎之工夫才是修养之要，而且此"慎"工夫不仅是独处时，也是在众人前的自觉践行。

二、刘宗周对"慎独"的特解

刘宗周所言"慎独"不仅是道德修养工夫也是万物的本体即"独体"，这一解释使"慎独"具有更丰富的内涵。刘宗周以"慎独"工夫统领圣门一切工夫，认为"慎独之外别无学"，还认为《大学》明德至善的本体通过"慎独"来落实，"独体"即在"慎独"道德工夫中得以呈现，这些诠释超越了传统意义上"慎独"只作为道德修养工夫存在的含义。

1. 慎独是格物第一义

前面第二章已经阐述刘宗周把"独"提升到本体的地位，认为它是至善之心体、天然之性体，即心即性的理论特色。在刘宗周看来，"独"即是"中"，即"天命之性"，那么"慎独"便是"致中和"，率天命之性的工夫。刘宗周认为"独"是未发之中的真根底处，类似阳明讲的"良知"，它们不虑而知。但刘宗周认为阳明的"良知"太注重"致"，也就是太看重后天的外物作用。他认为"独"之根不应是外系于人，更应内系于己，主张应该再向前一步探究内在的"天下之大本"，即是未发之"独"了。刘宗周赋予"独"非常丰富的涵义和内容，以"慎独"统摄一切工夫学问，当是自然且独特。

他把"慎独"看作圣学的宗旨，贯彻于思想理论体系，他在《读大学》篇末总结道："《大学》之道，'慎独'而已矣；《中庸》之道，'慎独'而已矣；《论》《孟》《六经》之道，'慎独'而已矣；'慎独'而天下之能事毕矣。"① 他用"慎独"贯穿统领理论传统，也用之统领道德实践的修养工夫。

　　刘宗周以"慎独"为学说宗旨，为了挽救学术不明的晦暗之世，三次深刻研究解读《大学》，有其独特释义。刘宗周从《大学》八条目的根基首目——"格物"与"慎独"间的关系进行了详细解释，很自然地将"独"与"格物"之"物"相联系，认为"独"为无物之物，且为万"物"之本，自然使"慎独"成了至善的"格之始事"了。他在《大学古记约义》的"慎独"条中解释道："君子之学，先天下而本之国，先国而本之家与身，亦属之已矣。又自身而本之心、本之意、本之知、本至此，无可推求，无可揣控，而其为已也隐且微矣。隐微之地是名曰独。其为何物乎？本无一物之中而物物具焉，此至善之所统会也。'致知在格物'，格此而已。独者物之本，而慎独者格之始事也。"② 刘宗周在这里以"独"为"物"，绝非要将慎独置于八条目中而新增一条目，而是他把慎独看作格物的一个过程，把"慎独"作为了"格"之"始事"的解释尤为重要和特别，而"慎独"在这个过程中的地位和作用也非常重要，它作为本体的第一步预设好了，将影响到其后的系列条目。所以，在刘宗周看来，"独"作为"物"之本的位置，是预示着其第一重要性的，他才进一步说："慎独，是格物第一义"③，刘宗周对于"慎独"于八目之地位和与首目的关系进行了开宗明义的阐释，而后对于"慎独"居于八目之前的预设环节如何落实到工夫进行了进一步阐发，他用"才言独便是一物，此处如何用工夫？只戒谨恐惧，是格此物正当处"④ 解释这一过程，把"慎独""戒惧"当成"格物"，则格物即自然成了切实的工夫，其义与慎独也就融为一体了，以此首先阐明

---

① 刘宗周. 读大学 [M] //吴光. 刘宗周全集：第 4 册. 杭州：浙江古籍出版社，2007：417.

② 刘宗周. 大学古记约义 [M] //吴光. 刘宗周全集：第 1 册. 杭州：浙江古籍出版社，2007：649.

③ 刘宗周. 大学杂言 [M] //吴光. 刘宗周全集：第 1 册. 杭州：浙江古籍出版社，2007：661.

④ 刘宗周. 大学杂言 [M] //吴光. 刘宗周全集：第 1 册. 杭州：浙江古籍出版社，2007：661-662.

了他"慎独"思想理论的独特性和重要性。

具体来讲，对"格物"作解，一般包括对"格"与"物"两个方面的解释。朱子以"格"为"至"，训"物"为"理"，格物是"穷至事物之理"；阳明训"格"为"正"，把"物"解释为"意之所在"，"格物"就变成了"正念头"。刘宗周对"格"的解释较为接近朱子，"'格物'不妨训'穷理'"①，认为训"格"为"至"较为合理，"不妨"体现的是不反对朱子将"格物"解释为"穷理"之意。他认为相传对"格物"的解释有七十二家，以朱子的解释最为接近，"'格'之为义，有训'至'者，程子、朱子也；有训'改革'者，杨慈湖也；有训'正'者，王文成也；有训'格式'者，王心斋也；有训'感通'者，罗念庵也。其义皆有所本，而其说各有可通，然从'至'为近"②。这表明，刘宗周不反对朱熹的解释，认为较其他儒者，朱熹的释义最为接近，但不表明他完全赞同朱熹，他紧接着却将"穷理"转向了"反躬"一面，"只是反躬穷理，则'知本'之意自在其中"③。可以说，在内容上，刘宗周对"穷理"的理解更接近于阳明，即是向"独体"的"心"上反躬而寻求所得，而非向外在他物"格"中索求。

对于"物"的释义，在刘宗周与陶奭龄有不同认识。章晋侯问《大学》经文中"格物"与"物有本末"的两个"物"字的区别时，刘宗周解答道："盈天地间，只此一物，更无二物，自其分者言，物物各具一太极；自其合者言，万物统体一太极也。"④ 他是以万物一体的思想将"格物"与"物有本末"统贯，认为"格物"之物就是"物有本末"之物，这种解释也是独具特色的。他通过对物之本末的辨析，将"格物"置于"修身"的

---

① 刘宗周.大学杂言［M］//吴光.刘宗周全集：第1册.杭州：浙江古籍出版社，2007：658.
② 刘宗周.大学杂言［M］//吴光.刘宗周全集：第1册.杭州：浙江古籍出版社，2007：657.
③ 刘宗周.大学杂言［M］//吴光.刘宗周全集：第1册.杭州：浙江古籍出版社，2007：658.
④ 刘宗周.学言下［M］//吴光.刘宗周全集：第2册.杭州：浙江古籍出版社，2007：481.

范围内，认为"格物"之物是"至善""独体""意根"，是"良知之真条理"，是"无物之物"，还认为"物即是知"，以此将"物"内化理解了。为了避免"物"的内化落入玄虚地步，刘宗周还将"心""意""知""物"四者理解为相辅相成，统为一体，用"体用一原"的方式，阐明内在的道德本体（物）与外在的道德活动（身、家、国、天下）的关系，他说："心无体，以意为体，意无体，以知为体。知无体，以物为体。物无用，以知为用。知无用，以意为用。意无用，以心为用。是之谓体用一原，是之谓显微无间。"① 刘宗周用"格物"辨明心灵最微处的道德本体即"独体"，"独体"贯穿动静，亦无动无静，"独"体亦是"意根"，是"无物之物"，"格物"不能向外求索，而是内正与心，必须与"诚意""正心"相结合，即"格物"也是道德修养的一种，"慎独"成为道德本体与修养工夫的贯穿融合，且由向内求得，自然成了作为"格物"的第一要义。

2. 慎独归于知止

朱熹很重视"慎独"，但他多把它看成后天之事"为动而省察边事"②，朱学这种外物索求的观点，却被刘宗周批评为学之"支离"。因为，如果按朱熹的观点，慎独作为第一义的重要性，因后天之事会变为第二义，"慎独之功，全用之以立大本……乃朱子以戒惧属致中，慎独属致和，两者分配动静，岂不睹不闻与独有而体乎？"③ 而在刘宗周看来，"独"乃"天命之性"，是"至善"的，人能慎独，则自然止于至善，这是一种彻底的工夫，不像朱熹讲的将之划有"中和、动静"之分。但刘宗周又非常赞同朱熹在"独"下安有一"知"字的观点，且夸赞朱熹加了这个"知"字是对经典的正确诠释，他在《学言下》中说："《中庸》疏独，曰'隐'，曰'微'，曰'不睹不闻'，并无知字。《大学》疏独，曰'意'，曰'自'，曰'中'，

---

① 刘汋. 蕺山刘子年谱 [M] // 吴光. 刘宗周全集：第6册. 杭州：浙江古籍出版社，2007：117.

② 刘宗周. 大学古记约义 [M] // 吴光. 刘宗周全集：第1册. 杭州：浙江古籍出版社，2007：662.

③ 刘宗周. 学言上 [M] // 吴光. 刘宗周全集：第2册. 杭州：浙江古籍出版社，2007：389.

曰'肝肺',亦并无知字。朱子特与他次个知字,盖独中表出用神,庶令学者有所持循。"① 此"知"字在刘宗周"慎独"伦理思想中是大有用处的,他不仅是按朱熹把"独知"作为道德自律方式来理解,更多的还有自发之意,突出的是在道德本体上的自发。

刘宗周喜统合很重视"知"的作用,《大学》中讲的"致知"之"知"到底是"知"个什么呢?刘宗周也有回答,认为"知"应当知其"本",知其"止"。

还阐明了"知止"在道德修养环节中的作用及其由来,"知止而后能定,定而后能静,静而后能安,安而后能虑,虑而后能得",这表明"知止"在此顺序中起着关键作用,且是由"慎独"而来,有了"知止"才会有后面定、静、安、虑、得的循序存在,"知止而定、静、安、虑相因而至,归之能得。得之于心则德也,研之与虑,明之尽也。明德本在我,而学以明之者,必以知止为窍门……"② 知止是掌握真知的窍门,人能知止便可自然而得。对于"知止"而得不仅仅是个人的修身所得,外化推置于民,可普修共知共得,"自知止而能得,不过自知自得耳。由是而推之于民,亦民所共知共得也"③。《朱熹集注》曰:"止者,所当止之地,即至善之所在也。知之,则志有定向。"人所了解的知识应该达到一定的境界才能够使自己志向坚定;志向坚定才能够镇静不躁;镇静不躁才能够心安理得;心安理得才能够思虑周详;思虑周详才能够有所收获,这一学习获得真知的实践过程,知其所"止"才是最关键处。

在刘宗周看来,《大学》中"物有本末,事有终始。知所先后,则近道矣"的"物"就是格物的物,而"知"即是致知的知,而"止"处即是"本"之所在,"止之,即所本之地。知止,所以知本也。致此之知,是为

---

① 刘宗周. 学言下[M]//吴光. 刘宗周全集:第 2 册. 杭州:浙江古籍出版社,2007:457.
② 刘宗周. 大学古文参疑[M]//吴光. 刘宗周全集:第 1 册. 杭州:浙江古籍出版社,2007:610.
③ 刘宗周. 大学古文参疑[M]//吴光. 刘宗周全集:第 1 册. 杭州:浙江古籍出版社,2007:610.

致知；格此之物，是为格物"①。他还说《大学》中所谓的主脑，其实就是"止于至善"而已，而只有通过知本、"知止"才可以达到止于至善的真知境界，只有"知止"才可以做到知本，而能知本自然能达到止于至善的真知目的。刘宗周由"常知"进于"真知"的格物致知之功，认为"知止"是言学的关键，言学便不可离"知止"，离开了知止便无所谓真知所学，"然才言学，便无有舍此以入者，虽有拙射，不废正鹄；虽有拙工，不废规矩；虽有下学，不离知止"②。

刘宗周还将致知之"知"与"知止""知本"以及"知所先后"中的知看作同一性质，"'致知在格物'，即格其'物有本末'之物也。物格则知本知末，且知始知终，知所止矣"③。致知即是知天下、国、家、身、心、意等的本末、先后关系。知道了何为先、何为后，何为本、何为末，则自然知道何为止，何为本了。经刘宗周这一解释，"格物致知"则具有考察另外六目间的顺序和根本关系的涵义了。他进一步把"知止"、"知本"含义进行提升，以至于可以实现"止之""本之"，他还把所格之物转化为对"独体"或"意根"的格物致知，在他看来只要真知"独体"或"意根"的本然之意，则其他六目自成，无需支离它们间的意思和结构便可止于至善。所以，格物致知的根本在知"意根"之所在，知其"意根"是达到止于至善最终目的的关键处，此"意"也就是大学之本、之止之地，是至善的。所以，有人问《大学》要义时，刘宗周总结性答道，"言本体，吃紧得个'善'字；言工夫，吃紧得个'止'字；言本体工夫一齐俱到处，吃紧得个'知'字"，言本体工夫一齐归管处，吃紧得个'身'字"。由此看，这些慎独修养工夫，归根到底在于"知止"，所以，刘宗周会说，"'知止'二字括尽《大学》工夫"，可见，在刘宗周"慎独"道德修养工夫中人能知其所止的极端重要性，丰富了先儒对"知止"的理论认识。

---

① 刘宗周. 大学古文参疑 [M]//吴光. 刘宗周全集：第1册. 杭州：浙江古籍出版社，2007：611.

② 刘宗周. 大学古文约义 [M]//吴光. 刘宗周全集：第1册. 杭州：浙江古籍出版社，2007：646.

③ 刘宗周. 大学杂言 [M]//吴光. 刘宗周全集：第1册. 杭州：浙江古籍出版社，2007：610.

3. 慎独须转知为意

刘宗周的学术思想特色是喜统合，对于《大学》而言，他曾把慎独、诚意、致知、正心的意思相融合，使它们没有先后顺序之分，是相统合而一的。"《大学》之道，诚意而已矣。诚意之功，慎独而已矣。意也者，至善归宿之地，其为物不二，故曰独。其为物不二，而生物不测，所谓物有本末也。格物致知，总为诚意而设，亦总为慎独而设也。非诚意之先，又有所谓致知之功也。故诚意者《大学》之专义也，前此不必在格物，后此不必在正心也。"① 他还进一步指明"古人慎独之学，固向意根上讨分晓"②，人能慎独需要将"慎独须转知为意"，也就是知其"意根"则自然能慎独。

他还体认到慎独的修养工夫是由诚意的内在"意根"支撑的，"慎独之功，只向本心呈现露时随处体认去，便得全体荧然，与天地合德"③，这里的本心呈现处即是"意根"，体认到了意则识得了本心，识得了独体，亦即天命之性的至善本体。他认为"《大学》言心道极致处，便是尽性之功，故其要归之慎独。《中庸》言性到极致处，只是尽心之功，故其要亦归于慎独"④，二者言心不离性，言性不离性，其要都在于慎独，只是从不同方向角度言及论证的，如，"《中庸》从不睹不闻说来，《大学》从意根上说来"⑤《中庸》的慎独指君子独处时总是保持十分谨慎的态度，此慎独是在现象层面上而言的，不是在内在意识动机层面上讲的。由此，刘宗周认为慎独要实践由表层谨慎独处之意转为深层意识之机，就需要将《中庸》

---

① 刘宗周. 大学古文约义[M]//吴光. 刘宗周全集：第1册. 杭州：浙江古籍出版社，2007：647.
② 刘宗周. 证学杂解[M]//吴光. 刘宗周全集：第2册. 杭州：浙江古籍出版社，2007：264.
③ 刘宗周. 证学杂解[M]//吴光. 刘宗周全集：第2册. 杭州：浙江古籍出版社，2007：262.
④ 刘宗周. 学言上[M]//吴光. 刘宗周全集：第2册. 杭州：浙江古籍出版社，2007：390.
⑤ 刘宗周. 学言上[M]//吴光. 刘宗周全集：第2册. 杭州：浙江古籍出版社，2007：381.

之慎独转向《大学》之慎独来理解，即是转慎独须"转知为意"的原因所在，只有体认到心体之意根，才能体认到真正的慎独。刘宗周从这个意义上得出，《中庸》是《大学》注疏的结论，为了挽救晚明阳明后学以良知为借口，以情识为初念，学术晦暗不明的态势。他一生中把大部分精力都放在了解读《大学》之本义上，为申明《大学》的本来意义，写了《读大学》《大学古文参疑》《大学古记约义》《大学杂言》等重要著作，对《中庸》的解读便自然少于《大学》，著有《中庸首章说》且篇幅不长。

刘宗周体认到《大学》教人知本，而齐家治国以修身为本，而修身之本在于修心，而"意"又是心之主宰者，所以"知本"的关键在于知"意"，"《大学》之教只要人知本。天下国家之本在身，身之本在心，心之本在意。意者，至善之所止也，而工夫则从格致始。正致其知本之知，而格其物有本末之物，归于止至善云耳。格致者，诚意之功。功夫结在主意中，方为真功夫。如离却意根一步，亦更无格致可言。故格致与诚意，二而一，一而二者也"①。在刘宗周看来，这个真正的未发之中的"意"也是《大学》《中庸》所说慎独的"独"，只有使人的保持意向至善，才能找到最终驾驭、决定意念活动的主宰。这个作为心之主宰的"意"，便是"独"。如上一章所讲的"独是本体，慎独是工夫"。在刘宗周看来，慎独的方法即诚意，这个"意"是知止的根底处。所以，刘宗周认为"独之外别无本体，慎独之外别无功夫"，在此看来，诚意之"意"即是至善之所止。如果没有意之主宰的作用，其他也就不复存在，也毫无意义。所以，诚意是格物致知的目的和归宿。

刘宗周反复强调，格物致知的过程其实就是体认人心中的至善之本体——"意"的过程，"《大学》之所谓主脑者，'止至善'而已矣。止至善之功'知止'而已矣。'致知'之功；'格物'而已矣。格物之要，诚正以修身而已矣"②。他对"致知"工夫与"意"的先后顺序作了说明，"心所

---

① 刘宗周. 学言上 [M] //吴光. 刘宗周全集：第 2 册. 杭州：浙江古籍出版社，2007：390.

② 刘宗周. 大学古文约义 [M] //吴光. 刘宗周全集：第 1 册. 杭州：浙江古籍出版社，2007：647.

存之谓之意,非以所发言也。如以所发言,则必以知止为先聘,而由止得行,转入层节,非《大学》一本之旨矣"①。体验真知,非向外物上寻找,而是在至善心体"独体"中体认"意根"。他认为《大学》中的"三纲是主意,而'知止'一节是工夫,即致知之功也"②。知止归于主意,才是慎独,才是诚意。他在《学言下》中指出了致知工夫要以诚意为本、为根基,"致知工夫,不是另一项,仍只就诚意中看出。如离却意根一步,亦更无致知可言"。③ 他确立了"意"为"心之本"的地位,自然将《大学》中的"物有本末"之"本"从"身"上转到"意"上了,认为"格物"是在"意"上用工夫,而非向外物求得。这改变了之前阳明把"物"作为良知照察的对象,有善有恶的"意之所在"。而在刘宗周看来,"物"就是"知",是"理",是"独","格物"就是要在未发的"独体"和"知体"上时刻作工夫,所以说"慎独须要转知为意"。

三、"慎独"即"本吾独而戒惧之"

刘宗周对晚明学术界的状况极为不满,他因病立说,以慎独理论充实其思想体系,对其理解与前儒皆有不同的根本在于他对"慎独"内涵的独特阐释。他把慎独解释为"本吾独而戒惧之"④,简单地说,慎独即是时刻把握住本心的独体,没有丝毫放失。他上承孔孟,近承濂、关、洛、闽等各家学说,并将其统摄于自家的"慎独"思想理论中。他特别强调"戒惧"不是畏惧,而是觉悟保持独体的本然至善。刘宗周从本体论和工夫论上讲

---

① 刘宗周. 大学古文参疑 [M] //吴光. 刘宗周全集:第1册. 杭州:浙江古籍出版社,2007:613.
② 刘宗周. 大学杂言 [M] //吴光. 刘宗周全集:第1册. 杭州:浙江古籍出版社,2007:659.
③ 刘宗周. 学言下 [M] //吴光. 刘宗周全集:第2册. 杭州:浙江古籍出版社,2007:465.
④ 刘宗周. 做人说 [M] //吴光. 刘宗周全集:第2册. 杭州:浙江古籍出版社,2007:294.

"慎独",使其成为道德原则和道德修养的统一。其学说虽然具有其鲜明的理论特色,却也没有完全背离阳明心之本体的"良知"理论,所以学者大多理解宗周学是对阳明学的修正。

1. 慎独即尽性之学

刘宗周于天启五年(1625)被革职为民,回乡便在"解吟轩"讲学,正式提出了他的"慎独"学说。在此之前,刘宗周的慎独学说是个逐渐形成和成熟的过程,他曾把"慎独"先后说成是"克己","心"是万化之原,心外无理,此心与"太虚"同体,是大本达道之发源处,"君子之学,从位大处发原力,从道大处立根基"①。他对"慎独"理论的由来过程有此说明:"每会令学者收敛身心,使根抵凝定,为入道之基。尝曰:'此心绝无凑泊处,从前是过去,向后是未来,逐外是人分,搜里是鬼窟,四路把截,就其中、间不容发处,恰是此心真凑泊处。此处理会得分明,则大本达道皆从此出。'于是有慎独之说焉。"② 人想心不被外物所累,就要收敛身心,即要"慎独"。而此"慎独"不仅仅是道德修养,还提高到世界本体的地位,具有世界的根本性质,即"天命之性"。

刘宗周在《中庸首章说》中赋予"独体"明确定位,他说:"'喜怒哀乐之未发之中',此独体也,亦隐且微矣。及夫发皆中节,而"中"即是"和",所谓'莫见乎隐,莫显乎微'也。未发而常发,此独之所以妙也。中为天下之大本,非即所谓'天命之性'乎?"③ 刘宗周以"独体"为未发之中,为天下之大本,即天命之性。他说:"天即吾心,而天之托命处即吾心之独体也。"④"独"即是中,是天命之性,"慎独"则是率天命之性,即

---

① 刘宗周. 大学杂言 [M] //吴光. 刘宗周全集:第1册. 杭州:浙江古籍出版社,2007:659.

② 刘汋. 蕺山刘子年谱 [M] //吴光. 刘宗周全集:第6册. 杭州:浙江古籍出版社,2007:81.

③ 刘宗周. 中庸首章说 [M] //吴光. 刘宗周全集:第2册. 杭州:浙江古籍出版社,2007:299-300.

④ 刘宗周. 宋儒五子合刻序 [M] //吴光. 刘宗周全集:第4册. 杭州:浙江古籍出版社,2007:26.

"致中和"。

刘宗周把"独"上升到本体的高度作为世界的本原区别于前儒,认为宋儒多不理解《中庸》慎独之本意,主要是因为把"独"字看得太浅,误以为慎独之功为致和之功,没有看到纯然至善的性天之独体。他以"独"为万物之本体,认为离开了这个独之本体就失去了本然之性,为外物所惑即是"人伪","离独一步,便是人伪"①。在他看来,"'诚者,天之道也。'独之体也。'诚之者,人之道也。'慎独之功也"②。"独体"即是本体也是"天道",是不依主体人的意志而改变的本性,"慎独"作为诚之者的"人道",是修养工夫,有人为能动性。人要慎独,必定要遵循心之至善本体的天然属性。

刘宗周不认同朱熹把《中庸》的"慎独"理解为"君子戒慎乎其所不睹,恐惧乎其所不闻。莫见乎隐,莫显乎微,故君子慎其独也"③。他认为朱熹以戒惧属"致中",慎独属"致和",这种二体二功的支离解读《中庸》之慎独,失去了本意。他指出,"慎独二字,明是尽性吃紧工夫"④,甚至明确说"独,即天命之性所藏精处,而慎独即尽性之学'独'中具有喜怒哀乐四者,即仁义礼智之别名"⑤。由此可见,"独"作为本体,天然具有仁义礼智的德性。"《中庸》是有源头学问,说本体先说个'天命之性',识得天命之性,则率性之道,修道之教在其中。"⑥ 修学的关键在于识得心之本体,即天命之性,"君子之学,尽性而已矣"⑦。刘宗周指出:

---

① 刘宗周. 学言上 [M] //吴光. 刘宗周全集: 第 2 册. 杭州: 浙江古籍出版社, 2007: 398.
② 刘宗周. 学言中 [M] //吴光. 刘宗周全集: 第 2 册. 杭州: 浙江古籍出版社, 2007: 420.
③ 刘宗周. 学言上 [M] //吴光. 刘宗周全集: 第 2 册. 杭州: 浙江古籍出版社, 2007: 372.
④ 刘宗周. 学言下 [M] //吴光. 刘宗周全集: 第 2 册. 杭州: 浙江古籍出版社, 2007: 451.
⑤ 刘宗周. 圣学宗要 [M] //吴光. 刘宗周全集: 第 2 册. 杭州: 浙江古籍出版社, 2007: 258.
⑥ 刘宗周. 学言上 [M] //吴光. 刘宗周全集: 第 2 册. 杭州: 浙江古籍出版社, 2007: 382.
⑦ 刘宗周. 大学古文约义 [M] //吴光. 刘宗周全集: 第 1 册. 杭州: 浙江古籍出版社, 2007: 651.

"《大学》言心到极至处,便是尽性之功,故其要归之慎独。"① 由此看,慎独不仅是尽心之学,也是尽性之学,为"慎独"即心即性,即本体即工夫提供了理论逻辑的支撑。

2. 静存之外别无慎独

刘宗周认为"静存"是"慎独"的专属,静存之外别无慎独可言,他对朱子把"戒惧"和"慎独"用以分配动静的理解提出了疑问,认为朱子这一分配论断有违《中庸》慎独之本意。"朱子以戒惧属致中,慎独属致和,两者分配动静,岂不睹不闻与独为二体乎?戒惧与慎独有二功乎?致中之外复有致和之功乎?"② 朱熹将慎独分为如此二体而功是不被宗周所接受,刘宗周认为静存是慎独修养的根基所在,有了根基所在才有工夫的用武之地所在。如同树木有根,才有枝叶的生长,灌溉浇水只需在根上下工夫,"如树木有根,方有枝叶,栽培灌溉工夫都在根上用,枝叶上如何著得一毫?如静存不得力,才喜才怒时便会走作,此时如何用工夫?苟能一如其未发之体而发,此时一毫私意著不得力,又如何用工夫?若走作后便觉得,便与他痛改,此时喜怒已过了,仍是静存工夫也"③。可见,只要抓住了静存得力,就抓住了慎独之学的根本。慎独与致中和是圆融无碍的,绝不像朱子那样把二者支离分开。

刘宗周认为朱子理解慎独有偏颇,那么他理解的慎独又是什么呢?与动静之间又是怎样的关系呢?"慎独之学,即中和即位育,此千圣学派也。"④ 总之,"独无动静者也,其有时而动静焉;动亦慎,静亦慎也,而静为主"。刘宗周作此总结性的回答,旨在强调慎独的重要性,及其无所谓动

---

① 刘宗周. 学言上 [M] //吴光. 刘宗周全集: 第2册. 杭州: 浙江古籍出版社, 2007: 389.

② 刘宗周. 学言上 [M] //吴光. 刘宗周全集: 第2册. 杭州: 浙江古籍出版社, 2007: 389.

③ 刘宗周. 学言上 [M] //吴光. 刘宗周全集: 第2册. 杭州: 浙江古籍出版社, 2007: 372.

④ 刘宗周. 学言中 [M] //吴光. 刘宗周全集: 第2册. 杭州: 浙江古籍出版社, 2007: 416.

静之分，静存为慎独修养之主意。他还说"性无动静，知无动静，学亦无动静。知静而不知动者，并其静而非也；知动而不知静者，并其动而非也；知动知静而不知无动静，并其动静而亦非也。知乎此者，庶几可以语慎独之学矣"①，旨在说明万物一体，不要刻意分出此动彼静，动静的支离理解，会导致圣学宗旨偏颇晦暗。

刘宗周54岁讲学于证人书社时以"慎独"为其学术宗旨来教学生，就方法论而言，他明确了"慎独"的入手处的方法和途径便是"静坐"。"是时先生专揭慎独之旨教学者。或问慎独下手处，先生曰：'且静坐'。又问：'静坐中愈觉妄念纷扰，奈何？'先生曰：'心不能静，只为有根在，故濂溪教人必先之以无欲，以此故也。'"② 从静坐处修得心静觉明是儒者倡导的静坐修养方法，刘宗周撰写《静坐说》，阐明宋明儒者往往掺杂佛老，迷失了儒家静坐之根本，这种静坐与禅宗讲的打坐参悟有本质区别，儒家静坐可以使人净化心灵，去除妄想和欲望，由静坐入手做到慎独，才可以此明心智、学真知。

刘宗周进一步阐释了"静存"与"动察"这一相对的范畴是"慎独"的表现方式，是慎独的具体化、细密化过程。他说："君子之学，慎独而已矣。无事，此慎独即是存养之要；有事，此慎独即是省察之功。"③ 无事存养，有事省察，其实都是慎独工夫，刘宗周以慎独统摄一切工夫的特色于此可见一斑。刘宗周认为"静而存养，动而省察"，所以，慎独工夫要以"静存""动察"二范畴得以体证。刘宗周认为"静存"工夫统摄"动察"，慎独的首功在于静存。而"静存"则主要来源于濂溪的"主静立极"和伊川的"静坐"，"主静"和"静坐"本质上是道德实践工夫和道德体验工夫。刘宗周重静坐以观未发气象，他说："喜怒乐之未发，谓之中，先儒教

---

① 刘宗周. 大学古文约义 [M]//吴光. 刘宗周全集：第1册. 杭州：浙江古籍出版社，2007：651.
② 刘汋. 蕺山刘子年谱 [M]//吴光. 刘宗周全集：第6册. 杭州：浙江古籍出版社，2007：170.
③ 刘宗周. 书鲍长儒社约 [M]//吴光. 刘宗周全集：第3册. 杭州：浙江古籍出版社，2007：118.

人看此气象,正要人在慎独上做工夫,非想象恍惚而已。"① 观未发不仅是一种心理体验,更是一种道德意志的磨炼,即"在慎独上做工夫",可见"静存"非慎独外的一种工夫,而是慎独的前提条件。刘宗周着力于静存工夫,他说:"静存之外,更无动察;主静之外,更无穷理。其究也,工夫与本体亦一。此慎独之说。"② 刘宗周此处从本体与工夫合一的角度明白地将动察归摄在他的"静存"之中。依刘宗周之见,心体动而无动,静而无静,动静无端"体用一源,动静无端,心体本是如此"③。所以,静存与动察融通合一,而非二事。如以存养属之静一边,则流而为禅;如以省察属之动一边,则流而为伪。只有以静存统摄动察,静中养得清明朗润,有事时则能明察自如。动静合一,动静相惺,静存保持心灵平静,动察保持道德理性自觉,心态平静,"主静立人极",道德自律、慎独之功所达到的境界才会越高,此之谓"静存之外别无慎独"。

3. 慎独即本体即工夫

本体与工夫,是宋明理学家经常讨论的学说理念,"即本体即工夫"是自先秦儒家就有的传统思想,孔子教人为学从"洒扫应对"始就表达了这种思想。孔子不喜讲形而上,故即本体即工夫,宋儒讲本体有形而上的意义,刘宗周反对后儒的过度发挥。他认为程朱割裂本体和工夫,而使本体与工夫两离;阳明末学丧失"合着本体的,是工夫;做得功夫的,方识本体"后半截工夫之力,导致过度悟本体而工夫缺失,造成对本体的追求成了"离事用工"形上玄虚景象而堕入佛老,或是就工夫而论工夫,按方抓药而失心性根本使儒学晦明。

刘宗周以"慎独"统摄了本体和工夫,是其学说特色所在。传统儒家伦理思想强调和坚持"体用一源",刘宗周在吸收传统儒家"体用一源,显

---

① 刘宗周. 学言上 [M] //吴光. 刘宗周全集:第2册. 杭州:浙江古籍出版社,2007:378.

② 刘宗周. 中庸首章说 [M] //吴光. 刘宗周全集:第2册. 杭州:浙江古籍出版社,2007:301.

③ 刘宗周. 学言上 [M] //吴光. 刘宗周全集:第2册. 杭州:浙江古籍出版社,2007:389.

微无间"思想的基础上，以宋明五子为主要研究对象，以慎独为宗旨进行阐释，提出了独特的思想创见。张载把"气"看作宇宙本源，"太虚无形，气之本体"①，这里的"本体"是指本身、本原、本然的意思。程颐称"理"为本体，朱熹把"理"说成是事物的本原或本然状态，把"理"看成本体，且认为它先于气，超乎形器而在，"从本体言之，则有是理，然后有是气"，主张人们通过"居敬穷理"的工夫来认识事情的本体。在心学一派看来，朱熹既然要通过居敬穷理工夫认识事情本体，那么，就把本来是统一的本体与工夫割裂为二。王阳明则主张心之本体即是理，本体与工夫不得为二，"工夫不离本体"，主张从内心去寻求本体，"工夫"体现在"悟"上，"一悟本体即是工夫"，靠"悟"体认本体的观点无疑给阳明后学流入狂禅提供了便利条件。

虽然朱熹、阳明等宋明儒者都很重视"慎独"，但他们理解的慎独大多指修养工夫，对"独"字的理解与刘宗周相比，显得非常简单，他们大多把"独"理解成"独居"或者"专一"的意思，"慎"则具有谨微内敛之意。"慎独"成为刘宗周的学说宗旨，关于本体与工夫的论说既不同于朱熹，也别于阳明。在刘宗周看来，"独体"即心之本体，是心之内在主宰，他希望以其独特的慎独学说构建一套完备的道德修养理论和道德实践方法。刘宗周希望以此道德修养的方法使人的道德行为变得更加自律，不流入禅学的境界。因此，他努力将体认到的道德本体——"独体"内在意识化，并为"意"所呈现，表现为工夫和本体的合二为一，以此来解决前儒本体是本体、工夫仅是工夫，或重本体者轻工夫、重工夫者忽视本体的观念问题。

刘宗周认为君子以慎独为学，慎独之外，别无他学，"愚按孔门之学，其精者见于《中庸》一书，而慎独二字最为居要，即《太极图说》之张本也。乃知圣贤千言万语，说本体，说工夫，总不离慎独二字"②。他主张的"慎独"是即本体亦工夫的统一，本体在工夫之中，工夫是本体的流露，

---

① 正蒙·太和篇第一[M]//张载.张载集.北京：中华书局，1978：7.
② 刘宗周.圣学宗要[M]//吴光.刘宗周全集：第2册.杭州：浙江古籍出版社，2007：258.

"大抵学问肯用工夫处即是本体流露出,其善用工夫处即是本体正当处,若非工夫之外别有本体,可以两相凑泊,则亦外物而非道矣"①。他还说:"本体只是这些子,工夫只是这些子,并这些子,仍不得分此为本体,彼为工夫。既无本体工夫可分,则亦并无这些子可指,故曰:'上天之载,无声无臭。'至矣!"②慎独作为圣贤之学,其本体是工夫的主脑,工夫是本体的落实,二者合一,即工夫即本体。"无声无臭"之自然作为证人圣域的一种境界,并不表明任其全然,而是内在修养的工夫所在。

黄宗羲在《子刘子行状》中对其师的慎独学说的理论是正确的,"本体只是这些子,工夫只是这些子,仍不分此为本体,彼为工夫,亦无些子可指,合于无声无臭之本然,从严毅清苦中发为光风霁月,消息动静,步步实历而见"③。"慎独"需要经过坚毅而清苦的道德工夫修养,才可以达到本体与工夫合一的光风霁月之境界。刘宗周的慎独学说虽是工夫、本体统合为一,但工夫的体现是在认得本体的基础之上进行的艰苦修身践行,本体是工夫的正当着力处。他同阳明后学龙溪的三传弟子陶奭龄在证人书社讲学时期就"本体工夫"的"识用"关系有过激烈争论。陶奭龄认为:"学者须识认本体,识得本体,则工夫在其中;若不识本体,说甚工夫。"先生曰:"不识本体,果如何下工夫,但既识本体,即须认定本体用工夫,工夫愈精密则本体愈昭荧。"④刘宗周既反对"工夫之外,别有本体",又反对"识得本体在工夫其中",他认为前者把本体与工夫割裂为二,向"外物"求道,非真道。后者陶奭龄"识得本体,则工夫在其中"的观点与阳明"一悟本体,即是工夫"没什么差别。倘若认为识得本体即工夫自成,会继续流入狂禅的混乱局面"势必至猖狂纵恣,流为无忌惮之归而后已"⑤使人

---

① 刘宗周. 答履思二[M]//吴光. 刘宗周全集:第2册. 杭州:浙江古籍出版社,2007:309.
② 刘宗周. 学言上[M]//吴光. 刘宗周全集:第2册. 杭州:浙江古籍出版社,2007:404.
③ 黄宗羲. 子刘子行状[M]//吴光. 刘宗周全集:第6册. 杭州:浙江古籍出版社,2007:39.
④ 刘宗周. 会录[M]//吴光. 刘宗周全集:第2册. 杭州:浙江古籍出版社,2007:507.
⑤ 刘宗周. 会录[M]//吴光. 刘宗周全集:第2册. 杭州:浙江古籍出版社,2007:507.

背离道德原则而任意妄为。后则亦是刘宗周所反对的,他直指"独之外别无本体,慎独之外别无工夫"①,没有所谓"识得本体在工夫其中"的讲法,没有工夫就不会本体,工夫之外不会另有本体,就好比没有"慎"工夫就不会有"独"之本体。黄宗羲和陈确都继承发挥了刘宗周慎独即本体即工夫的思想学说,黄宗羲说"心无本体,工夫所至,即其本体"②,陈确也说"工夫即本体也,无工夫亦无本体"③。

"独体"即本体。"独"可以外推可以内反,外推是践行,内反是自省,在修养的意义上,内反的重要方法就是主静。因此,"慎独"工夫论上,刘宗周推崇周敦颐"主静立极"说,仿其"太极图说"创作"人极图说",认为"独便是太极",赋予"独"即"天"即"道"的宇宙和道德本体之意,来阐述慎独不仅是修己的重要方法,还是"为上达天德统宗"形而上境界的实体概念。刘宗周"慎独"思想是本体和工夫的统一,亦是道德原则与道德修养的统一。这使传统儒家的慎独概念和内容得到了丰富和充实。

刘宗周以慎独作为自我修养的理论和方法追求成为道德高尚的君子,"君子之学,慎独而已矣"④;成为明德至善的"天地间完人","学问吃紧工夫全在慎独,人能慎独,便为天地间完人"。⑤ 慎独是使人成为道德品行高尚的君子学问,道德高尚、人格完善的君子需要通过努力践行慎独的道德修养工夫得以实现,刘宗周在慎独理论的基础上,严格遵守道德自律,实施道德践履,他的精神为世人敬仰,曾一度成为当时的精神领袖式人物,他贵义弘毅、为民请命的"大身子"高峻人格,体现了他慎独伦理思想的实践意义和理论价值。

---

① 刘宗周. 中庸首章说 [M] //吴光. 刘宗周全集:第 2 册. 杭州:浙江古籍出版社,2007:300.
② 明儒学案·自序 [M] //黄宗羲. 明儒学案北京:中华书局,1985.2.
③ 与刘伯绳书 [M] //陈确. 陈确集. 北京:中华书局,2009:467.
④ 刘宗周. 书鲍长孺社约 [M] //吴光. 刘宗周全集:第 4 册. 杭州:浙江古籍出版社,2007:118.
⑤ 刘宗周. 证人社语录 [M] //吴光. 刘宗周全集:第 2 册. 杭州:浙江古籍出版社,2007:565.

第五章
"慎独"伦理思想的构建基础——心意善恶论

　　刘宗周不喜欢空谈德性，认为虽然人心"独"之本体至善，但"慎独"落实到具体的道德实践中即是"迁善改过"。他的"慎独"道德修养理论是建立在对传统儒学人性心意善恶论的梳理和辟佛老空虚的基础上提出的独到见解。首先，迁善改过的过程与方法在他的重要著作《人谱》中显现得淋漓尽致。他认为佛教谈因果、道教谈感应，二者对善的追求都出于功利目的，不能真正成就圣贤人格，而儒者所传的《功过格》也难免落入功利之门。他说："今日开口第一义，须信我辈人人是个人。人便是圣人之人，圣人却人人可做。"[①] 探究人如何成圣，便是刘宗周所著《人谱》的目的。其次，他从心意善恶论的角度分析了阳明心学及其后学流弊所在，还提出自己的"四句教"，以批判王龙溪"四无说"，修正王阳明的"四句教"，以挽救晚明学术不明、人心不正的丧乱祸局。

---

① 刘宗周. 会录［M］//吴光. 刘宗周全集：第 2 册. 杭州：浙江古籍出版社，2007：501.

一、善恶论的历史考察

"善恶"是人类价值的基本形态,是中国传统伦理道德观念的核心内容,是伦理学的一对重要范畴,用于对人进行道德评价,扬善去恶是道德人格修养的基本准则,"善是对符合一定社会或阶级的道德原则和规范的行为的肯定评价;恶是对违背一定社会或阶级的道德原则和行为规范的否定评价"。① 恩格斯指出:"善恶观念从一个民族到另一个民族、从一个时代到另一个时代变更得这样厉害,以致它们常常是互相直接矛盾的。"② 每一个社会中占主导地位的善恶观念的演变都是与这个社会的生产力和生产关系、经济基础和上层建筑之间的矛盾运动相一致的,中国伦理善恶观念的历史发展演变也不例外,它们相比较而存在,相斗争而发展。

1. 传统儒学的善恶论

中国儒家伦理善恶观念主要涉及人性论即善恶起源问题,道德原则即义理、义利之辩问题,善恶评价标准即"志功"问题,还有道德规范和道德修养等诸多方面内容,这些内容在历史的演变过程中是被不断丰富发展的。刘宗周的善恶观念也是继承在前人的思想基础之上,沿袭传统儒家思想发展脉络继承改造而来的,在全面解读刘宗周心意善恶论之前,交代他思想学说的理论基础即儒家善恶观的发展脉络是有必要的。

传统儒家的善恶论并非简单的直线发展,而是有很多丰富的内容变化和发展的。在中国伦理思想史上,善恶的起源是以人性论为核心问题的。善恶标准上则主要体现在"义"与"利"密切关系上,传统儒家普遍以人的义利为善恶标准,"君子喻于义,小人喻于利";一个人的道德水平通常主要以是否合于"义"来判断,如"不义而富且贵,于我如浮云"。而功利

---

① 朱贻庭. 伦理学大辞典 [M]. 上海:上海辞书出版社,2002:38.
② 马克思,恩格斯. 马克思恩格斯选集:第 3 卷 [M]. 北京:人民出版社,1995:433 - 434.

论者的善恶标准，看重的则是"利"还是"害"。

就历史发展过程来看，善恶观念一开始就带有浓厚的道德色彩。先秦时期，孔子最初明确人性问题，提出"性相近，习相远"的命题，使先天的"性"与后天的"习"相对应，"性"作为人的本性是相近的；后来，孟子"性本善"的思想观点成为儒家人性论思想脉络发展的基础。秦汉以后，董仲舒的发展使儒学伦理思想具有独尊地位，其间也有王充对天道权威的驳斥。魏晋南北朝，玄学融入传统思想主流，在善恶观上表现为道家崇尚自然的思想。隋唐时期，佛教思想完全中国化了，佛教伦理融合儒家思想，对善恶标准、理欲观、道德觉悟及其修养等诸多理论的丰富起了重要作用。韩愈、李翱等思想家意识到玄佛之学兴盛使正统儒学走入歧途的问题，便大肆展开对佛学和玄学的批判的思想活动，力图以此复兴儒学，挽救社会学术不明的混乱局面。北宋时期建立了以周敦颐、张载、二程为代表的伦理学为主体的理学思想体系，朱熹丰富了二程的思想，是集大成者，但他对理论的丰富使程朱理学善恶观存在内在矛盾之处，体现在：它既有以天理为善与气质之性善恶共存的矛盾，也有天道本体与个体修养间的矛盾。为此，陆九渊、王阳明将客观的"理"转化成为主观的"心"，阳明使人的良知成为判断是非善恶的根本标准。刘宗周对善恶观的理解继承了王阳明的思想观点，认为"独体"是判断善恶的标准，而此独体即是"良知"，与阳明"致良知"类同又不尽全相同，有其独特处。

就发展内容来看善恶问题，儒家思想最先在善恶的起源问题即人性论基础上提出。孔子讲"性相近，习相远"是对人性的首次讨论，说人性是相接近的，但没有直接表明人性是善的还是恶的；世硕讲性有善有恶，善与恶是人与生俱来的自然质性，要发扬先天的"善"需要后天的养，他是中国最早提出人性有善恶之分的思想家；告子则认为性无善无不善，提出"生之谓性"，性是先天的本能，为善是后天教导的结果，为恶则是诱发产生，都不是天生的，所以性无善无不善；孟子指出人的本性都是善的，且人人可以成尧舜，"滕文公为世子，将之楚，过宋而见孟子。孟子道性善，言必称尧舜"①，记载孟子首次谈人性本善的情形，孟子谈性善大多从心善

---

① 滕文公章句上·凡五章 [M] //杨伯峻.孟子译注.北京：中华书局，1960：112.

的作用上讲，认为心善是性善的根据，为程朱理学和陆王心学思想的继承奠定了理论基础。在孟子看来，恶的产生是因人的欲望和不良环境造成，不是本性；与孟子相反，荀子讲性恶，人之本性是好利多欲的，为善是后天教化的结果，"人之性恶，其善者伪也"。先秦的人性善恶论代表性观点是整个儒学发展的思想基础，而孟子的"性善论"则是儒学人性论的主流思想，其严密的逻辑体系论证了社会伦理规范的重要性，成为封建社会统治之道的重要理论依据，"人皆可以为尧舜"的理想人格，成为儒家"内圣外王"道德追求的最终目标。

汉代出现了董仲舒的性三品说，把人性因情欲多少不等而分为"斗筲之性"、"中民之性"和"圣人之性"三个层次；扬雄则持性善恶混论"人之性也善恶混"，把人分为三品，性有善恶，除圣人之性为善外其他善恶相混；王充认为人性有上、中、下三品，即善、中、恶三类，对前人人性善恶论皆有批判，认为孟子讲性善是指中人以上者，荀子讲性恶是中人以下者，杨雄性善恶混讲的是中人之性。唐代韩愈的性三品论是继承了董仲舒以来的性三品说发展补充而来的，把人性分为上、中、下三品，分别属于至善之性、可善可恶之性和至恶之性，并且把仁义礼智信作为区分性之善恶的道德标准。宋元出现了张载、二程、朱熹为代表的人性二元论，把人性分为天命之性和气质之性，天命之性即天地之性是至善的，气质之性则有善有恶。在人性善恶问题上王阳明提出了心性合一论，认为"心"就是"性"，即"天理"，性无不善，心无不善，认为心之本体是天命之性，天命之性是粹然至善的，人之所以表现出恶是因物欲追求，人之本心、意念发动后有不正、不善的结果。阳明"四句教"即"无善无恶心之体，有善有恶意之动，知善知恶是良知，为善去恶为格物"[①] 是阳明的为学宗旨，较为全面地概括了他的善恶论观点。刘宗周对此予以深刻辩驳，认为"无善无恶心之体"开头就错了，反对"心体"无善恶的看法，并提出自己的蕺山"四句教"以修正阳明。这一问题下节具体讨论，此不赘述。

---

① 黄宗羲.子刘子行状［M］//吴光.刘宗周全集：第6册.杭州：浙江古籍出版社，2007：43.

善恶原则主要包括义利、理欲之辨两个方面，儒家传统善恶原则是重义轻利的，把符不符合"义"作为善恶的道德评判标准。宋元时期，道德原则由义利之辨演变为理欲之辨。程朱陆王都注重义利之辨，做什么事首先要分辨义利、理欲，朱熹特别讲"存天理，灭人欲"。宋明理学对理欲、义利关系的论证不尽一致，但大都将理欲、义利关系等同于善恶关系，认为理、义是至善的，把欲、利看作恶或者是致恶的原因。刘宗周大体承接先儒之志，早年遵照许孚远的教诲身体力行"遵天理，竭人欲"，但他也看到了个人自然私欲的存在合理性，与宋明理学传统意义上的"存天理，灭人欲"有所不同，为清初启蒙思潮学术转型奠定了理论来源基础。传统儒学把"善"置于道德规范的范畴，周代把"礼"作为道德规范内容，孔子把"仁"作为道德规范，将"仁义"作为根本的道德原则，董仲舒把"三纲""五常"作为道德规范原则，朱熹强调"三纲五常"是天理大节，是治道之根本。

儒家的善恶论，大体上对"善"的阐发论述要比对"恶"阐述要多很多，主流是沿着，孟子的人性本善思想，充分表达了传统儒家对至善道德理想追求，并形成了一整套较完备的人性"善"的理论体系。刘宗周除了对人性"善"的认识继承和发展了传统儒学的思想，最大的特点在于他对如何保持善的追求和操持上。他认为袁了凡的《功过格》是以功利惑人，人远离道，不可以为道了，正如"老氏以虚言道，佛氏以无言道"，"其意归于了生死，其要归于自私自利"。① 这种因果论杂糅佛老了却生死而有违人道，所以，刘宗周对"恶"的理论研究和阐发比传统儒学任何时候都要深刻。他认为"善恶"是"念"的起灭转移导致的，并非如阳明讲的由"意"的发动造成："任情而流，便是大恶；能知非自反，便是大善。可见善恶只在一念转移间。"② 为了证明"恶"的产生是"念"的转移而非意之动，刘宗周还进一步分析了恶的重要成因——"妄"和"念"，并且把这些产生恶的"过"因，分成六个层次和等级，通过《人谱》阐述了迁善改过、修身

---

① 刘宗周. 人谱 [M] //吴光. 刘宗周全集：第2册. 杭州：浙江古籍出版社，2007：1.
② 刘宗周. 会录 [M] //吴光. 刘宗周全集：第2册. 杭州：浙江古籍出版社，2007：508 - 509.

成人的诸多道德践履的过程和方法,在"恶"的理论研究上具有极大创新性。

2. 道家的善恶论

刘宗周以"慎独"伦理思想为核心,阐述了儒家的性善论和过的产生与改过的方法途径等,这些理论的阐述源于要严格与佛老善恶理论区别开来。需要说明的是,刘宗周为力证醇儒道统而辟佛老,并非全盘否定佛道思想理论,他甚至一定程度上也认为佛老有义理有其高妙之处。他是站在当时的社会时代场域中的士大夫忧国忧民境遇下,要力挽狂澜恢复儒学士人"内圣外王"的为学宗旨,儒者不应囿于空谈心性、了却生死、回避事功、别离五伦,而造成世风日下,儒学晦明。基于此,有必要对佛教与道家的善恶伦理观念作简要梳理。

道家是以老子、庄子为代表的重要思想流派,其伦理思想是以自然无为立论,主张"绝仁弃义",反对世俗的道德规范和善恶观念,提倡一种"无知无欲"的"朴素"修为境界,其理论具有自然主义和超善恶论的特点。很多人认为道家主张"无为""无欲",则无"善恶"可言,"善"与"恶"观点在道家思想中与儒家传统善恶观念意义不同。总的来说,老子是以"自然无为"来规定"善"的。在《道德经》中,"善"字出现了52次,老子所说的"善",不是传统意义作为道德规范的善,而是与最高境界——"道"相通的善,这里的"善"是顺应自然规律的"道",可以说,凡是人为的就不是"善"的。《道德经》的"善"很少作"善良品德"来解释,大多指"善于、擅长、能力强"等,如"上善若水,水善利万物而不争",这里前者的"善"有美好之意,后者的"善"是指善于。老子强调做事要依顺事物本性而为,不可以强加个人意愿,人为皆非"善"。只有依照事物的规律才能成功,违背事物规律,强作妄为,必然招致失败。天地万物都是从道分离出来的,都是道自身运动变化的产物,所以万事万物都有其存在的道理,也有其存在的价值。"故善人者,不善人之师;不善人者,善人之资。"[1] 意思是善人可以做不善人的老师,不善人可以做善人借

---

[1] 老子·二十七章 [M]//陈鼓应. 老子注译及评介. 北京:中华书局,1984:174.

助的力量,相互间有其实用价值。老子哲学中,有些朴素辩证法已经成了相对主义。"天下皆知美之为美,斯恶已;皆知善之为善,斯不善已。"①"唯之与阿,相去几何?美之与恶,相去若何?"② 他看到了善与恶的相对性是对的,但把相对性的一面绝对化,使事物失去了固有的客观界限和质的规定性,结果善亦是恶,恶亦是善,使道德价值无从辨别和评价。"正复为奇,善复为妖。"③ 老子认为善恶非固定不变,而是可以相互转化的,这也不错;但认为转化是无条件的,可凭借主观任意而定,这就是绝对化了。他还认为道德对善人是个宝物,对不善的人也需要保持,"道者,万物之奥,善人之宝,不善人之所保"④,这便混淆了善人与恶人的区别。老子认为,仁、义、礼、智、忠、信、孝、慈都是私有制的产物,人与人之间应该是自然平等,没有对立的。在他看来,道德水平最高的圣人就和婴儿一样,像婴儿那样无知无欲,混沌蒙昧。所以,他主张人们回到"无知无欲"的婴儿状态中去,"含德之厚,比于赤子"⑤。"我独泊兮,其未兆,沌沌兮,如婴儿之未孩。"⑥ 老子认为道德修养的最终目标就是"复归于婴儿"。他说:"圣人无常心,以百姓之心为心。善者,吾善之;不善者,吾亦善之,德善。信者,吾信之;不信者,吾亦信之,德信。圣人在天下,歙歙为天下浑其心,百姓皆注其耳目,圣人皆孩之。"⑦ 圣人的任务就是在于使天下人都成为浑浑然无所知的婴儿。在这种原始的自然状态下,善与不善之人,教育者与被教育者,圣人与众人都是无差别的同一种人。对于美与善的关系,道家思想与儒家思想有着很大的不同。老子认为现实生活中美与善不仅有区别,而且是对立分裂的,儒家所提倡的仁义道德以及一切社会功利性的东西,都不能属于美之类。美在儒家那里是善的表达形式,虽然美有自己的意义,但主要受善的决定,依附于善,没有独立的地位。老

---

① 老子·二章 [M] //陈鼓应. 老子注译及评介. 北京:中华书局,1984:64.
② 老子·二十章 [M] //陈鼓应. 老子注译及评介. 北京:中华书局,1984:140.
③ 老子·五十八章 [M] //陈鼓应. 老子注译及评介. 北京:中华书局,1984:299.
④ 老子·六十二章 [M] //陈鼓应. 老子注译及评介. 北京:中华书局,1984:303.
⑤ 老子·五十五章 [M] //陈鼓应. 老子注译及评介. 北京:中华书局,1984:276.
⑥ 老子·二十章 [M] //陈鼓应. 老子注译及评介. 北京:中华书局,1984:140.
⑦ 老子·四十九章 [M] //陈鼓应. 老子注译及评介. 北京:中华书局,1984:253.

子则把一切社会功利的东西都排斥在美之外，使美摆脱了善的滋味和束缚，不再是善的附庸，获得了独立地位和自身价值，然而美和善只有在道中才是统一的，只有符合自然无为的道才是美的、善的。庄子更是认为，道是万物的根本，在自然无为的情况下，真善美才得以统一，凡是符合自然无为而美的都是真的和善的。"道"就是最高的"真"，最高的"善"和最高的"美"。

道家认为，人类生存发展的最高的目的是要保持住人的纯真本性，道德理想追求是成为真人。在人性善恶论问题上，庄子认为的性是人的自然纯朴之本性，它没有善恶之分，是无善无恶论者。庄子代表的道家，认为人性是人之常然之本性，不是仁义，也不是情欲。庄子在《骈拇》篇中痛斥仁义的弊端，而主张重归于道德，当然道家之道德与儒家之道德不同，道家所讲的道德是指率真自然的途径。庄子讲："今世之仁人，蒿目而忧世之患；不仁之人，决性命之情而饕富贵，故意仁义其非人情乎？"① 庄子认为自虞舜标举仁义以来扰乱了天下，因为天下没有不为仁义而奔走效命的，仁义丧失了本真，仁义就不是至善的，至善是任其性命之情而不失性命之情，仁义是人为外加的，不是人性之自然，外加于性的仁义是有损于人之自在本性的，所以不是善的。道家认为"道常无为"，只有摒弃仁义和巧利才能保持人的常然之本性，仁义是外加人为的标准要求，有损于自然本性。人性本应是无善无恶，"善之与恶，相去若何？"正因为有了恶才有善，善恶观念有其相对性和变易性，天下都在追求美善的东西，是因为有丑恶与之相对有比较，且一味执着盲目追求所谓的善，就会产生伪善、不善、甚至丑恶。道家还认为"夫至德之世，同与禽兽居，族与万物并，恶乎知君子小人哉！同乎无德，其德不离"，所以要返璞归真，顺应自然，保持本然。这是一种对现实的回避与退让的观念，无为思想导致避世不利于社会前进科学发展，但是道家思想是中国传统文化的瑰宝，是中华文明的源头，具有民族文明的长久而灿烂的生命力，道家哲学、政治、道德、美学观念都对中国思想文化产生了极其深远的影响，其精髓应进一步得到发扬和现

---

① 方勇. 庄子 [M]. 北京：中华书局，2010：136.

代性转换运用。宋明儒者普遍也出入佛老,这既体现了儒学的包容性,也体现了佛道思想的持久而繁荣的生命力。

3. 佛教的善恶论

"善"是佛教追求的理想价值,善在佛教的理念中不仅是一个道德性的说教,而是有着深刻的理论依据。行善的最终目的也不是为了生活得快乐或求得良心安稳,而是为了出离三界之轮回,实现终极解脱,达到极乐世界。佛教的善恶观与世俗法律维护善和正义的善恶观不尽相同,有其独特之处。

佛教认为追求善可以使人们脱离苦海,使人的执念得以解脱,认为善恶的产生与行为的因果报应是相联系的,"善有善报,恶有恶报",所以奉劝人们不要作恶,要多积善行德,以求得内心安定。《增一阿含经》中讲"诸恶莫作,众善奉行,自净其意,是诸佛教",说明了"善"在佛学教义的重要作用和地位。在佛教看来具体什么是善?什么是不善呢?佛祖曾告诉比丘诸众,杀生、邪淫、妄语等十种恶的行为是不善的,只有不断修行,戒除这十种恶的行为,才可能修行成善的。"杀生为不善,不杀为善;不与取为不善,与取为善;淫泆为不善,不淫为善;妄语为不善,不妄语为善;绮语为不善,不绮语为善;两舌为不善,不两舌为善;斗乱彼此为不善,不斗乱彼此为善;贪他为不善,不贪他为善;起恚为不善,不起恚为善;邪见为不善,正见为善……是故,当远离恶行,修习善行。"(《增一阿含经》卷七)佛指出应当潜心修习戒除诸多恶行,才能修得善果。

佛教认为人世间苦海无涯,修"善"的目的是为了从人生苦海解脱,所以,善除了善良、利他等基本意义外,还有"解脱"的含义。佛教中修行的出发点是去恶行善,善行越大善果就越多,功德也就随之增大,只有修得功德无量,才可脱离苦海,修成没有烦恼的佛。所以,信教者要持戒行善,唯有行善这一过程可以使人的内心清净,无欲无求,从而有助于修行者进入禅定,启发受慧。没有智慧的人无法看破世间执念、极苦,看不破人生,看不透生死,自然就有烦恼纠缠,无法保持内心的宁静至善。善恶不仅仅是行为的结果,究其源头,善恶存在于一念之间,人心中的念想直接影响着行为的好坏。所以，佛教很重视心的作用，认为心是善恶的本源，"心为法本，心尊心使"，"中心念恶，即言即行，罪苦自追，车轹于辙"，"中心念善，即言即行，福乐自追，如影随形"，可见，人心生善念即是功德，心生恶念即是罪恶。一个人的功过不仅仅是表现在做过的事情上，就其根源来讲是在心意念头的善恶上，一心为众生，绝对没有私心，不是为了自己，才是真的善，才有功德。而那些名义上是助人为乐的，真正目的却是自利的，那便是恶了。人的心意行为种下的是恶因，必会有所恶报，种下的是善因就会有善报。所以，要在人世间修得善果、实现解脱，对心意之念的控制是很重要的。心生恶念便会堕入地狱，心生善念即会升天成佛，修行的关键在于修心，人只有时常观照自己的内心，时时起善念、灭恶念，方可明智成事。

而刘宗周生活的晚明时代，儒学受佛教影响很大，特别是阳明后学由于佛学教义的渗透融合，儒者大多出入佛道。刘宗周痛心疾首道，"若良知之说，鲜有不流于禅者"①，为力证正统儒学，以避佛老的流弊，意图力挽狂澜以求恢复儒学正统。他认为佛教修行者有三大弊端，"禅家有三绝：一绝圣学，二绝彝伦，三绝四民之业"②，四民即佛教僧人不从事士农工商的事业，没有建功立业而是国家社稷的消费者，又不讲人伦之理，其实都是一些计功谋利之徒。他认为佛教的推广是利用了儒学，禅宗"明心见性"，性为佛性，即成佛的根据。无念为宗，一念善即善，顿悟成佛，即可度越六道轮回。禅家和言佛者，又利用王守仁的良知之学，以推广其教门。"今之言佛氏之学者，大都盛言阳明子，止因良知之说于性觉为近，故不得不服膺其说，以广其教门，而衲子之徒亦浸假而良知矣。"③ 由于禅宗善于用阳明的良知之学，混淆了儒禅之别，而使阳明之徒服膺禅学，禅宗"嗣此转相衣钵，直指人心，见性成佛，谓之教外别传，标其号曰'禅'，要不离

---

① 刘汋. 蕺山刘子年谱[M]//吴光. 刘宗周全集：第6册. 杭州：浙江古籍出版社，2007：170.
② 刘宗周. 会录[M]//吴光. 刘宗周全集：第2册. 杭州：浙江古籍出版社，2007：518.
③ 刘宗周. 答胡嵩高、朱绵之、张奠夫诸生[M]//吴光. 刘宗周全集：第3册. 杭州：浙江古籍出版社，2007：349.

觉、空、生、死,则皆吾儒近似之说也……去儒近,故其害道也滋深。于是吾儒乃始沾沾焉分别之,曰:本天、本心。本心之说出,而吾儒噤不敢言心。彼禅者则愈攘臂称雄,灼然以心学自命于天下,曰'此吾教所独也'。吾儒不觉爽然自失,相与挽首而从之,终数千年不复睹圣学之真,则亦言道者之过也。悲夫!悲夫!"① 这是刘宗周对当时儒释之间掺杂互动的现实的忧虑和悲痛,促使了他著《人谱》,力图以清除对儒家之学的误读和迷惑,维护儒学的正统地位和价值。

二、蕺山四句教

刘宗周非常忧虑当时学界和阳明后学流入狂禅,将"无善无恶"传播得天花乱坠。他对阳明学"终而辨难不遗余力",主要是修正阳明"四句教"及驳斥王畿的"四无说",在此基础上加以深刻阐释,形成自己独特的蕺山"四句教",即"有善有恶者心之动,好善恶恶者意之静,知善知恶者是良知,为善去恶者是物则"②。刘宗周与王阳明理论观点的最根本不同体现在对"意"的体认差别上,刘宗周以"意"为心之主宰,为心之所存非所发,意是善恶的根源。所以,他认为善恶远非"意"之动,"念"才有起灭,才会导致善恶的产生。他说"阳明只说致良知,而以意为粗根"③,由此,刘宗周把"意"主宰化、本体化和至善化,进行了大量阐发,以区分"意"之静善与"念""妄"之过与恶。

1. 有善有恶者心之动

刘宗周的思想深受阳明学的影响,他常常给予阳明很高的评价,但他

---

① 刘宗周. 论释氏 [M] //吴光. 刘宗周全集:第4册. 杭州:浙江古籍出版社,2007:335-336.
② 刘宗周. 学言上 [M] //吴光. 刘宗周全集:第2册. 杭州:浙江古籍出版社,2007:391.
③ 刘宗周. 学言下 [M] //吴光. 刘宗周全集:第2册. 杭州:浙江古籍出版社,2007:451.

第五章 "慎独"伦理思想的构建基础——心意善恶论

对阳明学的态度有过三次变化。据刘宗周之子刘汋记载:"先生于阳明之学,凡三变,始疑之,中信之,终而辨难不遗余力。始疑之,疑其近禅也。中信之,信其为圣学也。终而辨难不遗余力。"① 刘宗周认为阳明后学宗旨不明导致其病且流入狂禅,"然则阳明之学,谓其失之粗且浅、不见道则有之,未可病其为禅也"②。为了纠正阳明之学流入狂禅,特别是救正王畿误传师说的过失,宗周特将阳明《传习录》进行筛选、加了按语,编成了《阳明传信录》三卷,对阳明曾认为可作其为学宗旨的"四句教"颇为不满,并对此四句皆有所批判和见解,为构建自己的蕺山四句教奠定了善恶理论基础。在刘宗周看来,"无善无恶心之体"开篇一句即是错的,"心体"是纯然至善的,因为心之本体即是"意",是先天本有的,主宰着心,且具有好善恶恶的潜存意向,所以是至善无恶的。阳明将心之体视为无善无恶的,是否认了心体中有此主宰之"意"所在。阳明和刘宗周虽然在心性论上都持心性合一论,却在心体的实质内容上有分歧,导致对心之本体善恶的不同认识。具体看来,阳明首先看重的是"心"与"性"的同一性,他在《传习录》中说,"心之体,性也;性即是理也"③,他把心看作万物的始源,把性看作万物的根源,心即性即理,心外无理,便无性外之理且无性外之物。他进一步解释了,"有孝亲之心,即有小心之理,无孝亲之心,即无孝亲之理矣"。不仅孝亲如是,忠君亦是如此,总之心即理,理不离心存在。他强调了,心之本体的性即是天命之性,而"天命之性,粹然至善",这种心之本体的至善之性,无需在事物上生求。"只是此心纯乎天理之极便是,更于事物上怎生求?"④

阳明关于心之本体的性是纯然至善的观点,看似与刘宗周心性论极为相似,刘宗周认为即心即性,作为宇宙和道德本体的"独体"即"天命之

---

① 刘汋.蕺山刘子年谱[M]//吴光.刘宗周全集:第6册.杭州:浙江古籍出版社,2007:147.
② 刘宗周.答韩参夫[M]//吴光.刘宗周全集:第3册.杭州:浙江古籍出版社,2007:359.
③ 刘宗周.阳明传信录一[M]//吴光.刘宗周全集:第5册.杭州:浙江古籍出版社,2007:13.
④ 王守仁.王阳明全集[M].吴光,等,编校.上海:上海古籍出版社,2011:3.

性"也是至善的。不同的是，刘宗周认为至善的心体、性体是"气"聚集运动的结果，"理即是气之理，断然不在气先，不在气外。知此，则知道心即人心之本心，义理之性即气质之性，千古支离可以尽归"①。这里看似二人的心性合一论差别不大，但导致了刘宗周对阳明"四句教"的全面驳斥，问题主要在于阳明后来的阐述。作为心体至善的性，是天理的体现，是超乎善恶之上的，"性之本体，原是无善无恶的"，如此一来，便直接表述为"无善恶心之体"。按照阳明的说法，心体超乎善恶即无善恶，那人表现出来的恶又从何而来呢？阳明的解释是，由"意"的发动而来，"心之本体，本无不正，自其意念发动，而后有不正……然意之所发，有善有恶"。人的本体是无善无恶的，意念发动后可正也可以不正，不正的意念使人丧失本性，这便是恶的产生。刘宗周则深深质疑阳明将意念已发之动使人丧失无善无恶心体本性的说法，"阳明先生言'无善无恶者心之体'原与性无善无恶之意不同。性以理言，理无不善，安得云无？心以气言，气之动有善有不善，而当藏体于寂之时，独知湛然而已，亦安得谓之有善有恶乎？"② 这便是刘宗周与阳明四句教的立意的本质差异。

在刘宗周看来，善恶是人心活动的结果，非阳明所讲的是意念发动而后造成，他以"有善有恶者心之动"，直接替代阳明四句教的第一句——"无善无恶心之体"。对此，刘宗周借用周子的话解释道："心何以有善恶？周子所谓'形既生矣，神发知矣，五性感动而善恶分，万事出矣'正指心而言。"③ 意思是善恶由心之活动而生，人生而具有活动辩知能力，"金木水火土"五行之性是人生而固有，它们因心的活动为外物所感后，自然能产生善恶之分。刘宗周一再强调善恶非意念已发之动，而是心之动。若按阳明"无善无恶心之体"的说法，则四句教是存在内在矛盾的。

---

① 刘宗周. 学言中 [M] //吴光. 刘宗周全集：第 2 册. 杭州：浙江古籍出版社，2007：410.

② 刘宗周. 学言中 [M] //吴光. 刘宗周全集：第 2 册. 杭州：浙江古籍出版社，2007：411.

③ 刘宗周. 学言上 [M] //吴光. 刘宗周全集：第 2 册. 杭州：浙江古籍出版社，2007：391.

2. 好善恶恶者意之静

刘宗周把阳明四句教第二句"有善有恶意之动"改成了"好善恶恶者意之静"。因王阳明的"有善有恶是意之动",是指善或不善是由意念发用而来。阳明认为"恶"主要从三个方面而来:一是至善之心体被遮蔽而失其本心之善,"恶人之心,失其本体"①;二是心之本体失却中庸之道,"善者,心之本体。本体上才过当些子,便是恶了"②,心体有所偏倚,便产生了恶;三是后天恶业习气之染污,"恶念者,习气也;善念者,本性也;本性为习所胜、气所汩者,志不立也。痛惩其志,使习气消而本性复,学问之功也",③ 心遇事即动气,动气即生意念,意念生即"躯壳起念","躯壳起念"则会有好恶。刘宗周认为阳明这里从善恶产生来源处把"意"与"念"字的涵义等同混淆了,善恶皆因"意念"之发而起的认识是错误的,他一再强调"意"应为心存之所存,非所发。

刘宗周质疑阳明对"意"的认识,进一步作出了自己的理解陈述:"意为心之所存,则至静者莫如意。乃阳明子曰'有善有恶者意之动',何也?意无所为善恶,但好善恶恶而已。好恶者,此心最初之机,惟微之体也。吾请折以孔子之言。《易》曰:'几者,动之微,吉之先见者也。'谓'动之微',则动而无动可知;谓'先见',则不著于吉凶可知;谓'吉之先见',不沦于吉凶可知。曰:'意非几也'。意非几也,独非几乎?"④ 如此看来,阳明的认识是承袭了朱子对"意"的解释,这里的"意"是意念层面上的人心活动。如果将阳明意之"已发"与宗周意之"未发"的概念加以对照,则可发现二人在心为本体至善之性理解上的差别。刘宗周反对阳明和朱熹"意"为"心之所发",即"已发"的理解。他认为"意"非"心之所发"而是"心之所存",即"意"是未发至静纯然至善的。

---

① 王守仁. 王阳明全集:第 1 册 [M]. 北京:红旗出版社,1996:114.
② 王守仁. 王阳明全集:第 1 册 [M]. 北京:红旗出版社,1996:91.
③ 王守仁. 王阳明全集:第 2 册 [M]. 北京:红旗出版社,1996:525.
④ 刘宗周. 学言上 [M]//吴光. 刘宗周全集:第 2 册. 杭州:浙江古籍出版社,2007:390 - 391.

刘宗周直指《大学》《中庸》主旨不明皆因先儒将"意"字认坏，意是静存于心的，先儒将之认作"已发"是错误的。意是至善无恶的，静存于心且主宰心，有善有恶是心活动的结果，是"念想"之动而非"意"动。这个静存于心的意，只是先天具有好善恶恶的意向而已。刘宗周以儒家经典《大学》解释"意"，认为《大学》中所指的"意"是具有本质的好善恶恶的意向和品格，"读《大学》本传，知恶恶臭如好好色，方见得他专主精神只是善也。意本如是，非诚之而后如是"①。这种好善的意向即是恶恶，反之亦然。好恶虽是两种意思却都归于心之意向，以好善恶恶为意，则"意之无恶也明"。以"诚意"之意作为心之本体的主宰是有善无恶的，它呈现于心灵的极微之处，是心灵未发时的至善之地。"意根最微，诚体本天。本天者，至善者也。以其至善还之至微，乃见真止……此处圆满，无处不圆满，此处亏欠，无处不亏欠。"②纯然至善的本体在意根处得以呈现，所以，意根也就有了至善圆满的地位，这里的意是至善无恶的，并非阳明讲有善有恶。"传曰：'如恶恶臭，如好好色。'言目中之好恶，一于善而不二于恶。一于善而不二于恶，正见此心之存，主有善而无恶也。"③刘宗周指明作为心之存主的"意"本身就具有好善恶恶的意向，对好恶的倾向是"念"的起灭，而非"意"动，念随感而起随感而灭，常被外物干扰所至。

阳明在道德修养工夫上强调形下心体无善无恶，形上性体至善无恶，心体之无正所以显性体之有。他不执着于时时为善去恶，倾向一任自然使心时时湛然明彻，良知则会自然呈露，意之善恶则是发动之后的事。而刘宗周所理解的"意"因不与后天相杂，是纯粹的道德理性，所以它对心的"主宰"之意表现得比较清楚和强烈，他认为王阳明只提良知未提意，是没有分清楚"知"和"意"，"知"应该是由"意根"主宰的具有分别善恶的能力，二者不分是没有主脑的表现，致良知的工夫会终究落不到实处。刘宗周还提出"心"与"意"的严格区别，批评先儒混淆了它们本身涵义，

---

① 刘宗周. 学言下 [M]//吴光. 刘宗周全集：第2册. 杭州：浙江古籍出版社，2007：453
② 刘宗周. 学言下 [M]//吴光. 刘宗周全集：第2册. 杭州：浙江古籍出版社，2007：453
③ 姚明达. 刘宗周年谱·崇祯九年条 [M]//吴光. 刘宗周全集：第6册. 杭州：浙江古籍出版社，2007：394.

误解了《大学》本意，而导致学术不明。"意有好恶而无善恶，然好恶只是一机……'无善无恶心之体，有善有恶意之动'，无乃以心为意、以意为心乎？"① 刘宗周认为心体是"浑然至善"，意主宰心，且如同指南针指南一样始终具有"好善恶恶"的属性，但这仅仅是内在属性，是静存于心的，非已发之动。所以，刘宗周提出了"好善恶恶者意之静"的命题以修正阳明四句教之"有善有恶意之动"。

3. 知善知恶者是良知

刘宗周认为阳明"四句教"的第三句"知善知恶是良知"虽可以这样说，但因其第一句"无善无恶心之体"作为前提是错误的，所以这知善知恶的良知也便落不到具体实处，才有导致其后学流入狂禅的可能。刘宗周对王阳明学不满，主要在于认为阳明良知说无主宰，"若心体果是无善无恶，则有善有恶之意又从何处来？知善知恶之知又从何处来？为善去恶之功又从何处起？无乃语语断流绝港乎！"② 这种追根溯源的辩证性阐发有其合理性理论根据，为蕺山后学所发扬。

按阳明的说法，心是良知，是本性，是天理的体现，是超乎善恶之上的，良知本身能分辨出善恶，是评价善恶的道德标准。"心之本体，即天理也"，良知即是天理，是道德理性，是人人皆有的是非之心，是本然善性的自我认识。人心良知之发见，是自然知是，非自然知非的，只要不被物欲所遮蔽，便是至善。他还把忠、孝、仁、信等道德规范的行为看作心之所发在事物上的自然体现，这些伦理道德品质是人心固有的，"以此纯乎天理之心，发之事父便是孝、发之事君便是忠、发之交友治民便是信与仁；只在此心去人欲存天理上用功便是"③。刘宗周则不赞成对阳明这些观点，他认为既然如阳明所讲的心之本体是无善无恶的，它又怎么能具有区分善恶

---

① 刘宗周. 答叶润山 [M] //吴光. 刘宗周全集：第3册. 杭州：浙江古籍出版社，2007：329-330.
② 刘宗周. 学言中 [M] //吴光. 刘宗周全集：第2册. 杭州：浙江古籍出版社，2007：413.
③ 刘宗周. 阳明传信录三 [M] //吴光. 刘宗周全集：第5册. 杭州：浙江古籍出版社，2007：52.

念虑、评价是非的道德判断能力呢？刘宗周进一步解释阳明讲心体无善恶，良知"知善知恶"的说法，就如同子路问孔子关于鬼神、生死之事，是没有立足之地的一样，有违圣贤孟子对良知的理解，"'无善无恶心之体'，不免犯却季路两问之意，此正夫子之所病，而亟亟以事提醒者也"①。孟子讲良知是从知爱和敬上指明的，是本体的自然呈现和流露的正当之处，心体没有意做主宰，便没有立脚点，不能落到实处，便不是真知。

王阳明也担心良知无实处着落而堕入玄虚，便在"良知"前加一个"致"字以显其有其着落实处。他的"致良知"即是"推致吾心良知之天理于事事物物，则事事物物皆得其理"，良知是本体，而致良知则是工夫了，只有将良知贯彻一切事物，事物之性才得以自现。面对这一阐释，刘宗周则评价阳明此"致"良知之理有画蛇添足多此一举之嫌，最终仍避免不了会流入玄虚。"阳明先生恐入堕落空虚，故说个良，又说个致，便有许多切实处。若只说灵明，未免又落入禅宗。"②刘宗周对阳明"致良知"的担忧，并非完全推翻或反对阳明本人及其观点，只是说明了这一思想体系存在瑕疵和漏洞，而这一理论上的疏漏之处却被后来的王门后学弟子加以不断扩大和肆意发挥，"阳明之良知，专以救晚近之支离，姑借《大学》以明之，未必尽大学之旨也。而后人专以言《大学》，使《大学》之旨晦；又借以通佛氏之玄觉，使阳明之旨复晦"③，而最终导致阳明后学"猖狂而肆、虚玄而荡"的祸乱之势。所以，刘宗周要倾尽所能力挽狂澜，却玄虚流弊，恢复儒学之正统，以正道人心。

王阳明要推致的良知，即是将"忠孝信仁"等道德意识贯彻于事物之中，使良知的道德判断能力在道德践履中得以扩充，不仅是道德本体且是宇宙本体的最高原则，"夫心之本体，即是天理也。天理之昭明灵觉，所谓

---

① 刘宗周. 答履思二［M］//吴光. 刘宗周全集：第3册. 杭州：浙江古籍出版社，2007：310.

② 刘宗周. 证人社语录［M］//吴光. 刘宗周全集：第2册. 杭州：浙江古籍出版社，2007：557-558.

③ 刘汋. 蕺山刘子年谱［M］//吴光. 刘宗周全集：第6册. 杭州：浙江古籍出版社，2007：147.

良知也"①。在阳明看来，天下人的心是相同的，之所以有圣人之心和众人之心是因为圣人之心是纯然至善的天理存在，而众人心则为物欲遮蔽诱惑，所以要加以工夫修身灭除私欲保持良知纯善，回归超凡至善之圣人之心。然而，在这一过程中推致这一工夫就显得尤为重要，致良知便是是知行合一的。而刘宗周则认为，良知本是至善，没有圣、凡之分，无须外力推致之功。始终保持良心之本性，并非要推致于事事物物，而是要靠人心向内的超越，以"慎独"工夫保持"独"的不偏倚。他提出，"良知只是独知时"，人的"良知"要从"独"上讨下落，"须知良知无圣凡，无大小，无偏全，无明昧，若不像'独'上讨下落，便是凡夫的良知……有时认子作贼，此仆所以云'知善知恶'四字，亦总无处用也"②，从"独"上下工夫才会知善知恶，"心体无善恶，而一点独知，知善知恶。知善知恶之知，即是好善恶恶之意，好善恶恶之意，即是无善无恶之体"③，这样反推，"无极而太极"才不至于颠倒伦理纲常、混乱社会秩序，才是"知无不良，只是独知一点"④，"独知"才使良知落到知善知恶的实处，无需外加"推致"多此一举。

4. 为善去恶者是物则

针对阳明"四句教"中的第四句"为善去恶是格物"，刘宗周也用了"为善去恶是物则"取而代之。在阳明看来，人心本体即良知，良知自能分辨善与不善，人的道德行为是以良知作为准则的，良知指导人的活动，使人们通过"格物致知"这一过程，最终达到"为善去恶"的目的。人需要加强道德修养，从内省着手下工夫，"克倒"作为发动处不善的念头，就可

---

① 王守仁.答舒国用[M]//吴光，钱明，董平，等，编校.王阳明全集·上.上海：上海古籍出版社，2011：212.
② 刘宗周.答履思三[M]//吴光.刘宗周全集：第3册.杭州：浙江古籍出版社，2007：314.
③ 刘宗周.学言中[M]//吴光.刘宗周全集：第2册.杭州：浙江古籍出版社，2007：411.
④ 刘宗周.学言中[M]//吴光.刘宗周全集：第2册.杭州：浙江古籍出版社，2007：417.

以"为善去恶",即是"格物"。"尔那一点良知,是尔自家底准则。尔意念着处,他是便知是,非便是非,更瞒他一些不得。尔只不要欺他,落落实实依着他做去,善便存,恶变去。他这里何等稳当快乐。此便是格物的真诀,致知的实功,若不靠着这些真机,如何去格物?"① 在此,依阳明多年体悟的观点看"为善去恶是格物"没有明显弊端,刘宗周为何还要作改动呢?

刘宗周认为此"为善去恶是格物"不成立的主要原因,还是如前所说的"意根"之主宰问题不明一路导致而来的。首句将本体"意根"认错,尔后则会句句皆错。他认为阳明"良知"之本体既然已经失去主宰善恶的"意根",又怎能保证所格之物是善的而不会有误呢?所以,他不断质问"若心体果是无善无恶,则有善有恶之意又从何处来?知善知恶之知又从何处来?为善去恶之功又从何处起?"② 为什么要把最后一句改成"为善去恶者是物则",对此,刘宗周也有深刻解释。他认为,程子以"凡言心者,皆指已发而言"是以心为念;朱子以"意者心之所发"是以念为意;而阳明以格去物欲为格物,属于以念为物。这些对意念的理解认识都有失其本旨,存有偏颇,加之这些理解认识还被佛教所借用掺杂,导致明末心学不明、人心不正,常常出现"认贼作子,认子作贼"③ 的黯淡局势。

对"格物"的理解和说法,相传有七十二家之多,刘宗周把这些对"格物"解释说法概括成大概的四个类型予以评述:朱熹是以"至"来训格之意的;而慈湖和许恭简是以"去"训格之意;阳明是以"式"训格;念庵则以"感通"之意训格。其中,朱熹对"格物"的理解最为贴切,离大学知本之意最为接近。刘宗周还指出,阳明"致良知与事事物物之间"的说法是沿用了朱熹之说,然而这与他另一"格其物不正以归于正"的格物说法不符,这是使正心向下,这预示着人要正其心就要格其心之不正之处

---

① 王守仁. 传习录下 [M] //吴光,钱明,董平,等,编校. 王阳明全集·上. 上海:上海古籍出版社,2011:105.

② 刘宗周. 学言中 [M] //吴光. 刘宗周全集:第 2 册. 杭州:浙江古籍出版社,2007:413.

③ 刘宗周. 学言中 [M] //吴光. 刘宗周全集:第 2 册. 杭州:浙江古籍出版社,2007:420.

来归其正,如果正心要靠格其不正之心来恢复其正的话,就完全违背心之本性了。这与将良知推致于事事物物间的格物说法存在矛盾。所以,刘宗周不赞成阳明用"为善去恶"来表达格物及其目的,因为"为善去恶"不能表明这其中有纯粹至善的主宰在起作用,也体现不了作为在道德活动中起主脑作用的良知的天理之性。相比较而言,刘宗周更倾向用"致良知于事事物物"来表达格物之意。

"物则"是指人所认识到的内在道德原则。所以,物则所包含的不仅仅是事物外在的条理秩序以及物理的属性,还包括了人类活动的事理,即道德实践的"事理"之意。刘宗周所说的"为善去恶是物则"中的"物则"应该更多的是指第二种意思,即道德实践的"事理"之意。他说:"知之为言良也,以其为此意之真宅也,故曰'诚意先致知';物之为言理也,以其为此知之真条理也,故曰'致知在格物'。物有善恶,而其初则本善无恶。"① 在刘宗周看来,有物的存在就是理,而"物有善恶"则是在念发之后的事,这一念发之后的善恶之事并非"物"的真正内涵。"物"的最初状态应该是"本善无恶"的,穷至我们良知的真条理才是格物之真意。刘宗周理解的"格物"是人对内心道德原则的体察,此"物"完全收摄于道德良知,不仅仅是客观外在之物的意思了,为善去恶更是向内用功,而非像前人说的"格物"是格外在事物之理了。所以刘宗周用"为善无恶是物则"的观点代替了格物之说。

三、迁善去恶之法

晚明思想裂变,思想界异常混乱,一度占主流的信仰和价值体系受到前所未有的巨大冲击,在佛道两家不断扩大自身影响的同时,西方天主教也传入中国,儒学内部程朱、陆王两派也发展激烈争论,刘宗周看到了当

---

① 刘宗周. 学言中 [M] //吴光. 刘宗周全集:第 2 册. 杭州:浙江古籍出版社,2007:417.

时儒家的内忧外患，撰《人谱》以对社会混乱作出回应，这更是直接对了凡《功过格》和秦宏祐的《迁改格》不满的回应。刘宗周讲道德本体是有善无过的，讲道德工夫则是有过无善的，所以，从工夫论上讲，人人可成圣的工夫修为需要不断的"迁善改过"。他以"证人"的"六世功课"交代了克己为人以至圣的修养方法和途径过程；他更是通过对"过"的六种分类阐发，使人们对之有深刻了解并可依照予以改过，使这些修养方法既有理论上的深刻意蕴也有道德实践的现实意义。这种以自身改过内省来完善人格的途径和修养方法，可初步概括为"主静之本"、"治念之方"和"却妄之法"。

1. 主静之本

"主静"是北宋周敦颐提出的一种极为重要的道德修养方法，他在《太极图说》中首次提出了"主静"思想，即"圣人定以中正仁义，而主静，立人极焉"。他认为只有消除一切改善物质生活的欲望才能实现"静虚"即"无欲故静"而成为圣人，达到至高的"诚"的道德境界。周敦颐"主静"的修养方法，却不被二程所认同，他们认为"说静，便入于释氏之说"[1]，不能与佛教的"禅坐入定"划清界限，应"不用静字，中用敬字"，以"主敬"来代替"主静"。所谓"敬"，是指内心方面的严肃、慎重、谨慎的意思。二程据此把它发挥成为一种内心涵养的工夫，"所谓敬者，主一之谓敬，所谓一者，无适之谓一"[2]，认为敬即是集中注意力使心不受外物的诱惑，去掉私欲，专一而不涣散，严格遵守伦理道德。朱熹很重视二程"主敬"的修养方法，强调"居敬""持敬"说，认为"敬字工夫，乃圣门第一义"，把"居敬穷理"作为了道德修养的总原则。刘宗周则融合了周敦颐和二程的"主静"与"主敬"之说，对二者皆有继承和发展，认为"静"是君子修身养道的根本立足点，"敬"则是学问入门的基础。

---

[1] 二程遗书：卷十八 [M] //程颢，程颐. 二程集·河南程氏遗书. 北京：中华书局，1981：189.

[2] 二程遗书：卷十五 [M] //程颢，程颐. 二程集·河南程氏遗书. 北京：中华书局，1981：169.

第五章 "慎独"伦理思想的构建基础——心意善恶论

黄宗羲在《子刘子行状》中对其师刘宗周的为学宗旨作了总结性的评价,认为刘宗周早年受许孚远的影响,服膺程朱克己之学,学旨是从主敬入门的,"先生宗旨为慎独,始从主敬入门,中年专用慎独工夫,慎则敬,敬则诚。晚年愈精微,愈平实……不分此为本体,彼为工夫"①,"慎独"之学是刘宗周中年学术成熟时期自得而来的,这一理论贯彻了刘宗周整个理论学说体系,提出"君子之学慎独而已",他无时不在强调慎独的重要性,认为"人能慎独便为天地间完人"等。刘宗周将"慎独"学说持守一生,晚年时显得更加精微、平实,要深刻理解其思想体系,就不得不从"即本体即工夫"的"慎独"学说着手。"慎独"的"慎"在《中庸》本作戒惧、谨恐之意解,在刘宗周这里,"敬""诚"则可以说是对"慎"的注释,刘宗周理解的"敬""诚"是通往"独"之途径的内心活动和最重要的修养方法。

刘宗周曾说:"君子之学,言行交修已。孔门屡屡言之曰:'不敢不勉,有余不敢尽。''不敢'二字,何等慎著!真是战兢惕厉心法。此一点心法,是千圣相传灵犀,即宋儒主敬之说。"② 理论学说即要言更要行,做到言行交修、言行统一,相互促进和提高,这就是他所说的"心法",也即是宋儒所提倡的"诚""敬"。在此,他沿袭程颐的"敬",并称之为"孔门心法"。刘宗周又极赞同周敦颐关于"诚"的理论,吸收了其"主静立人极"思想。刘宗周在《证学杂解》中记载:《通书》以诚神几蔽圣人之道,而又尊其权于思:"'思者,圣功之本'。思以思诚则精以纯,思以知几则豫以立,思以尽神则通以变,此之谓'主静立极'。"③ 刘宗周继承了周敦颐的"诚"、程颐的"敬",视"诚""敬"为慎独下工夫的方法和途径,体现了他学说的集成和融合特色。

刘宗周还认为有感万物而动是人欲望之念的起灭而导致的,"静"才是

---

① 黄宗羲. 子刘子行状[M]//吴光. 刘宗周全集:第6册. 杭州:浙江古籍出版社,2007:39.
② 刘宗周. 与以建四[M]//吴光. 刘宗周全集:第3册. 杭州:浙江古籍出版社,2007:301-302.
③ 刘宗周. 证学杂解·十四[M]//吴光. 刘宗周全集:第2册. 杭州:浙江古籍出版社,2007:268.

人的天然的本性，"人生而静，天之性也"①，"主静"则是道德修养"慎独"工夫的下手处。要践行道德实践，首先就要保持人之天性——"静"，只有保持住人静之天性，实践改过的工夫才会更加深入和彻底。刘宗周倡导"主静立人极"的修养理论，阐述较多的则是诸多迁善改过的道德修养方法，诸多实践方法中"静坐"是根本，"静坐是闲中吃紧一事"②。刘宗周阐释了静坐修养工夫的诸多益处和重要性，在《静坐说》中提出"学问宗旨只是主静"，劝导人们除了接应事物外，一有时间就静坐。静坐是入学的方便法门，学者须静坐，时间长了自然渐入佳境，不会静坐的人是不会学习的人，所以程子每次见到人静坐，便会赞叹静坐者是善于学习的人。关于静坐的益处和方法，刘宗周在其四首《静坐》诗中有体现，"学圣工夫静里真，只教打坐苦难亲。知他心放如豚子，合于家还做主人……黑浪岂随除乘佛？嵩山应误再来身。冯君决取希贤志，口诀虽然不度春"③。这些诗句体现了静坐可以保持人之天性不被偏移从而走向慎独、诚意，还可以静坐求放心，以治念，持敬避空，既不偏佛亦不袒道等诸多益处，是值得倡导和持守的。

儒家静坐修养方法和目标与佛老坐忘、修炼成佛、成仙存在本质性不同，儒家"不求坎离还丹诀，且问乾坤成位人"。但宋明儒者静坐修养多掺杂佛老，有的过于强调体悟本心而流入狂禅，有的因"委之以佛氏"避而不谈，终使儒门淡泊。于是刘宗周专撰"静坐法"以阐释儒家静坐与佛氏形似而实非的三个阶段，撰"治念说"以分析儒家静坐"治念"与佛老禅修"无念"之别，重在指明儒家成人通过反省、改过而仍保本心澄明至善，以挽救时学误识本体、用偏工夫局势、力证"醇儒道统"。刘宗周怕静坐引起逃禅的可能，则对静坐与禅宗之静坐的区别专门作了详解，特意将静坐法更名为"讼过法"。刘宗周所说的"静坐"之"静"是亦静亦动的，而

---

① 刘宗周. 学言中 [M] //吴光. 刘宗周全集：第 2 册. 杭州：浙江古籍出版社，2007：417.

② 刘宗周. 人谱·证人要旨 [M] //吴光. 刘宗周全集：第 2 册. 杭州：浙江古籍出版社，2007：6.

③ 刘宗周. 静坐（四首）[M] //吴光. 刘宗周全集：第 4 册. 杭州：浙江古籍出版社，2007：528.

非静止不动的冥想,此静坐"虽无思无为,而此心常止者自然常运;虽应事接物,而此心常运者自然常止"①,并非一无事事,而是亦静亦动的,且有一定程序和内容的。他把这种静坐运用到日常生活细微举动中,"静中工夫,须在应事接物处不差,方是真得力"②,认为在道德实践中使人的心灵得以净化,使心之本体归回到至善状态才是真学问。刘宗周的《人谱》形成了一套完备的慎独修养工夫论体系,对实践工夫的理论根据、修养方法和过程步骤等都有详尽阐述,还着重阐释了"静坐却妄"和"迁善改过"的修养方法和意义。

2. 治念之方

刘宗周认为,"念"的起灭转移是导致善恶产生的根本原因,人要保持心之"独体"的纯然至善,就要在"念虑"上下工夫,他认为念产生于心体流转意向由潜存转为实在之时,"七情"会随念之起灭而动,"九容"亦会随之而形显。这是由"心体"到"念"再到"七情"最后在形上得以完全显现的过程,"念"的本心"静"之状态就显得极为重要了。刘宗周著《证人要旨》着力指出在这个心体流转的过程中,每个环节都存在着向善和不善(过)的可能,所以要不断地抑制或者消除向"过"的方面发展的可能,甚至直接对其进行改过而迁移向善。但如果在这个过程中,"念"能如同其初,即符合心体的意向,则由此引发的"情"就会返乎于性,那么,此过程中的"动"没有不善,即是静的,这便保持了心体天然之性,即是"善"。

刘宗周认为,前儒大多不仅误解"意",对"念"的认识也都不够准确。程子以"念"为"心",朱子以念为"意"、为"知",阳明以念为"物"也,佛氏以死念为"工夫"、以"念起念灭"为妙用等,都是因为没有分清楚"意"与"念"的差别,误解了心、意、知、物为一体,是认贼作子的表现。正因为"念"和"意"的意思极为相近,所以常被人们误用,

---

① 刘宗周. 人谱·讼过法 [M] // 吴光. 刘宗周全集:第2册. 杭州:浙江古籍出版社,2007:15.
② 刘宗周. 会录 [M] // 吴光. 刘宗周全集:第2册. 杭州:浙江古籍出版社,2007:501.

这种误用造成的后果很严重，会使得思想混沌、学术不明，为此刘宗周特别将二者作了严格区分，以挽救混乱之残局。他说："念近意，识近知，以识为知，赖王门而判定；以念为意，锢日甚焉。"① 以念为意、以识为知的误解，因阳明"良知"理论和"四句教"被阳明后学长期误传而来，要挽救心学之流弊，就要从源头挖掘这一弊端。就"念"的概念，刘宗周作了详细论述，期许能挽回认贼作子、认子作贼的祸乱局势，从而回归正统儒学之宗旨本意。

"念"之起灭是有善恶的，具体怎样做才能使它归于心之至善的自然境界呢？在刘宗周看来，"念"动是心之余"气"的结果，"念"随感而行，有真妄起灭，人要使至善无恶的"意根"不被余气之动所蒙蔽，驱除人的欲望之念就需要对之加以治愈和化解，使它归于"无"，即归于正，恢复至善本然状态，但这种"无"并不是将之取消，而是化解。所以，刘宗周一再强调"化"的重要，将"念"化归于心，"念有善恶，物即与之为善恶，物本无善恶也。念有昏明，而知即与之为昏明，知本无昏明也。念有真妄，而意即与之为真妄，意本无真妄也。念有起灭，而心即与之为起灭，心本无起灭也。故圣人化念归心"②，由于念的影响力太大，它影响到物的善恶、知之善恶，甚至影响到本体的心及其主宰者"意"，心意本不为之所动，如最终也受之影响而受之损坏，即丧失了本然之性。由此，"化念归心"的工夫极为重要，人之本性的善，关键在于使"念"化为无。

一般看来，人内心有意念活动指导着人欲为善或为不善，又怎能说无念？刘宗周在对"意"与"念"的区分上回答了这个问题，虽然二者都存于隐微之处，但念之余气容易游散，不如意能常静存于心。在他看来，起念即是病痛，"圣人无念，才有念，便是妄也"③，"治念"就要使之化为无念，这一化的过程就体现了心之本体主宰之意的重要性，"化念"的过程实

---

① 刘宗周. 学言下 [M] //吴光. 刘宗周全集：第 2 册. 杭州：浙江古籍出版社，2007：472.

② 刘宗周. 学言中 [M] //吴光. 刘宗周全集：第 2 册. 杭州：浙江古籍出版社，2007：404.

③ 刘宗周. 学言下 [M] //吴光. 刘宗周全集：第 2 册. 杭州：浙江古籍出版社，2007：455.

际上也是始终保持意向至善的过程。在念头上求善,是一般道德实践工夫的表现,刘宗周却不主张在此动念上求得善果,"予尝有无念之说以示学者。或曰:念不可无也。何以故?凡人之欲为善而必果,欲为不善而必不果,皆念也。此而可无乎?曰:为善而取辩于动念之间,则已入于伪,何善之果为?"① 因为念是随处起灭、捉摸不定、随感而动的,它不断变化起灭,若只对它求善便只是在对它进行追逐而已,即便已经感到求得了善,而"念"随之一变便无踪迹可寻,念上求善始终落不到实处,治不到根源。"欲为善,则为之而已矣,不必举念以为之也,欲去恶,则去之而已矣,不必举念以去之也。举念以为善,念已焉,如善何?举念以不为恶,念已焉,如恶何?"② 在动"念"之处求得的善只会是虚的、伪的,而作为心之本体的"意"之作用在此过程中就很重要了。所以,他不主张像其他儒者一样在念上求得善念,而是将之化为"无念",这不无体现了他的道德工夫论的深刻性和独到之处。

3. 却妄之法

在《人谱·纪过格》中,刘宗周对人的行为列出六重过错:"一曰微过,独知主之;二曰隐过,七情主之;三曰显过,九容主之;四曰大过,五伦主之;五曰丛过,百行主之;六曰成过,为众恶门,以克念终焉。"③ 从"微过"到"成过"的六重过错是"过"的依次增大的过程,微过最小,藏在没有起"念"之前的最隐秘处,不易被察觉,所以称之为"微"。刘宗周把"微过"称为"妄",对于改过应从细微处着手,"妄"虽藏于隐处,却在源头,由它引发的后果可如星星之火形成燎原之势而不可收拾,由它发展会依次发展成为众恶之门。所以,这个被称之为"妄"的微过不可小觑,谨小慎微须从却"妄"入手,改过的道德实践的工夫只有从最小

---

① 刘宗周. 治念说 [M] //吴光. 刘宗周全集:第 2 册. 杭州:浙江古籍出版社,2007:316.
② 刘宗周. 学言下 [M] //吴光. 刘宗周全集:第 2 册. 杭州:浙江古籍出版社,2007:447.
③ 刘宗周. 人谱·纪过格 [M] //吴光. 刘宗周全集:第 2 册. 杭州:浙江古籍出版社,2007:10-14.

处着手加以克治，才可以防患于未然免成大过酿成大祸。

刘宗周把"微过"称为"妄"，以"独而离其天者是"加以注之，却"妄"先要了解"妄"从何而来，这就需要从源头"独体"上体认了，要从至善的本体上看出"过"来，即"原从无过中看出过来者"①。无过之中要找出"妄"来，看似实难理解，"直是无痛痒可指"②，难以言喻。"妄"是"实函后来种种诸过"的妄根，即可导致万恶形成的根源，是怎样形成的呢？"人心自真而之妄，非有妄也，但自明而之暗耳。暗则成妄，如魑魅不能昼见。"③ 由此看来，妄存在于人心的暗处，是人心之"独体"被欲遮蔽的状态，人心有妄即生伪、不真。妄因名利生死、酒色财气所惑而存在于心，这个不善的因素存于心，提醒着人们道德修养之艰辛。

"妄"既然无可名状，难以捉摸，怎样将之改过呢？首先，人要时刻有罪感的意识，时时警惕，以"慎独"来保其本心之性。隐过（妄）虽然显现于七情之动，或溢，或纵，但仍是"坐前微过来"，"微过之真面目于此斯见"，所以须将微过先行消煞，而后再议。刘宗周在《改过说一》中对"微过"作了明确阐述："其造端甚微，去无过之地所争不能毫厘，而其究甚大……是以君子慎防其微也。防微，则时时知过，时时改过。俄而授之隐过矣，当念过，便当从念改。又授之显过矣，当身过，便从当身改……过而不改，是谓过矣。"④ 由此看来，改过首先还是要从防微杜渐开始，要对过的具体类型和危害加以对照习之，时时自省慎独，从隐微处防范起，知过便要立马纠正改过。人们在清楚过错产生和扩大的过程的基础上，将过的方法运用于具体实践，知行合一使改过得以完成。刘宗周在《改过说

---

① 刘宗周．人谱·纪过格 [M] //吴光．刘宗周全集：第 2 册．杭州：浙江古籍出版社，2007：11．
② 刘宗周．人谱·纪过格 [M] //吴光．刘宗周全集：第 2 册．杭州：浙江古籍出版社，2007：12．
③ 刘宗周．人谱·改过说二 [M] //吴光．刘宗周全集：第 2 册．杭州：浙江古籍出版社，2007：18．
④ 刘宗周．人谱·改过说一 [M] //吴光．刘宗周全集：第 2 册．杭州：浙江古籍出版社，2007：17．

三》中强调知过即是改过,虽然"知行只是一事。知者行之始,行者知之终"①,知与行只是改过工夫的始终之分,但仍以"知为要"。所以,刘宗周改过的思想核心并没有很具体地教人以什么措施来改过,而是非常仔细,层层推进地缕析各种过错并将之分门别类,以期人们对过的产生、扩大及其危害性有足够的了解和认识,真可谓丝丝入扣、用心良苦。

刘宗周明确了知行本是一事,言行不必言知,言知则不必言行,改过以"知为要",愈知则愈致。由此可见,改过的道德实践方法在刘宗周这转化成致知之法了。在他看来,致知之法就成了道德践履了。他还认为知有"真知"和"尝知"之分,所谓真知即是本心之知,本心之知的"知"与"行"是不相分离的,真知贯彻于行和知,"即行即知";"尝知"则是"习心之知,先知后行",此即常人之知。改过的致知之法不全在知,也包括了行,只是这个行是包含在真知里的,即所谓言知不必言行了,而这一"行"实际上就是心性之自明过程,所以改过的关键还在于自明心性。

刘宗周通过对人的身心行为过失的归类分析来确定伦理规范,他认为人的行为正当性不诉诸任何外在目的,而是自明而成的基于心性本体的德性以及由此德性所决定的义务。这种行为的正当性和德性在其道德自律及其实践中得以彰显。他严操守、贵仁义,对圣人理想的追求、对社会责任的担当无不显示了他崇高的道德人格和道德品质,并为后世瞻仰和弘扬。

---

① 刘宗周. 人谱·改过说三 [M] //吴光. 刘宗周全集:第 2 册. 杭州:浙江古籍出版社,2007:19.

第六章
"慎独"道德理想与实践——"君子"人生论

刘宗周希望通过"慎独"修养,对内在超越的道德本体进行探求,推出一个现实道德实践的理论基础,然后再向外展开,去寻求这种超验本体的实现方式,以达到道德本体与工夫的合一,由诚意而正心、修身、齐家、治国、平天下。在刘宗周看来,人人可以成为圣人,通过对圣人理想的追求可以实现道德救国的理想目标,这种理想追求不应为外界所动,是可以超越生死的,其《生死观》也说明了这一点。刘宗周身体力行实施道德践履,终绝食23天以身殉国,尽显其贵义弘毅、超越生死的君子"大身子"高峻人格。

一、人生理想

儒家之学由内圣、外王两个方向展开的，内圣之学就是做人之学，即通过道德修养的工夫达到做人的目的。刘宗周作《人谱》是为了证人之所以为人，人成为圣贤的可能。传统儒家普遍把对圣人的道德追求看作毕生的人生理想，刘宗周强调"人能慎独，便为天地间完人"，"慎独"是本体，亦是君子修身成圣的主要修养方法，是本体与工夫、内圣与外王的统一。他不但认为"君子之学，慎独而已"，还认为可以"修慎独以兴王道"，从而达到治国平天下的目的。

1. 圣人之修

修身成圣是儒者的毕生追求，怎样才能做到成圣呢？刘宗周的道德哲学不仅论说了人开展道德实践活动的客观依据和可能理据，还论说了道德践履的实施步骤，他以圣人、君子为道德目标，在"证心"中实现"证人"的价值目的。刘宗周以"本心"为提挈创新心性义理之学，建构了其独特的慎独即本体即工夫的道德哲学，以"心性合一"，阐释人心展开道德实践的客观性与必然性；"以意主心"，提出道德实践过程中人心的主体性、能动性。所以，君子要成为圣人，要从"心性"处着手，慎独修之，诚意处之。"心之官则思，思曰睿，睿作圣；性之德曰诚，诚者不勉而中，不思而得，从容中道，圣人也。此心性之辩也。故学始于思而达于不思而得。"[①]然而，具体而言怎样才可成圣呢？

刘宗周认为要做到"超我"，慎独修身以超越自我，首先要使自己成为一个真正的人，即是"诚"，以诚立人是修身成圣的第一步。这是对周敦颐的"诚敬"修身方法的继承发展，"诚"是万物存在的根本条件，亦是君子

---

① 刘宗周. 学言上[M]//吴光. 刘宗周全集：第2册. 杭州：浙江古籍出版社，2007：362.

修身的首要品格。《中庸》说："诚者物之终始，不诚无物。……是故君子诚之为贵。"《孟子·离娄上》中所说："是故诚者，天之道也；思诚者，人之道也。"人能"诚"便是合乎"道"的，这是对道德本体的探求和遵循。

刘宗周还在《证人要旨》中进一步阐释了"诚"与"道"的天然关系："天命之性不可见，而见于容貌辞气之间，莫不各有当然之则。是即所谓'性'也。"①"诚则必形。有诚者，天道之形。有诚之者，人道之形。"② 也就是说，此步如果渗入人伪，则如引贼入室，难以恢复心体之初。而后则从一身而流行至人与人之间，形成五大伦的人际关系，分开来讲，这五伦似乎在此时才落实于人之心体与行为。其实不然，"人生七尺堕地后，便为五大伦关切之身。而所性之理，与之一齐俱到。分寄五行，天然定位"③。也就是说，自人有生以后，此五大伦之理便一齐俱到了，只待人体而行之。"故学者工夫，自慎独以来，根心生色，畅于四肢，自当发于事业，而其大者先授之五伦。"④ 在此，则慎独之功不仅用于心性，且用于"事业"。再后则从五伦至体认"万物皆备于我"，即从五大伦扩而充之即可。"故君子言仁则无所不爱，……至此乃尽性之学，尽伦尽物，一以贯之。"⑤ 这样，赋予五伦之功的慎独之学才算得上是真正意义上的尽性之学。

如此将五伦落实于人之本心及其道德行为，则可证成圣人了吗？刘宗周的回答是还没有。因为"自古无现成的圣人，即尧舜不废兢业。其次只一味迁善改过，便做成圣人"⑥，即体认了"万物皆备于我"并不就是最终的道德目的，证入圣域是一生一世的艰辛事业。刘宗周还论证了"慎独"

---

① 刘宗周.人谱·证人要旨[M]//吴光.刘宗周全集：第2册.杭州：浙江古籍出版社，2007：7.
② 刘宗周.学言上[M]//吴光.刘宗周全集：第2册.杭州：浙江古籍出版社，2007：361.
③ 刘宗周.人谱·证人要旨[M]//吴光.刘宗周全集：第2册.杭州：浙江古籍出版社，2007：7.
④ 刘宗周.人谱·证人要旨[M]//吴光.刘宗周全集：第2册.杭州：浙江古籍出版社，2007：8.
⑤ 刘宗周.人谱·证人要旨[M]//吴光.刘宗周全集：第2册.杭州：浙江古籍出版社，2007：8.
⑥ 刘宗周.人谱·证人要旨[M]//吴光.刘宗周全集：第2册.杭州：浙江古籍出版社，2007：9.

之功对于由内圣到外王的道德修为与事功是一以贯之的,从心体即独体—七情(心)—身(九容)—五伦—万物—圣人,在这一过程中,证成圣人虽是一个无限修身接近的过程,但证成圣人却又是完全可能实现的。至于如何实现,刘宗周提出以"慎独"贯之,内圣探求本体的申然至善,还要迁善改过增强道德修养,且改过即迁善中的每一步都必须用慎独之功,重点在于要防范过错的产生,以及过错产生以后的对治之法,因而以"改过即迁善"为题来进行道德修养的实践,合此二者乃刘宗周所谓的完整的慎独之功,修以成圣。

刘宗周在证人社讲学时,提出了成圣的可能性、实施步骤以及与阳明学修身成圣的根本区别:"今日开口第一义,须信我辈人人是个人,人便是圣人之人,圣人人人可做。于此信得及,方是良知眼孔。"①《证人要旨》列出了人之所以为人,日日迁善改过,便能期以圣人之域的六个步骤。刘宗周坚信"人人可以为圣贤"的信念、期待和希望在人所展现的道德精神世界中,要通过日常生活体现出来,世上绝对没有现成的圣人,"自古无现成的圣人,即尧、舜不废兢业。其次只一味迁善改过,便做成圣人"。他的意思是,每一个人(包括尧、舜)都应该不断地修身改过,人身上的过是无穷,所以,改过也就是无穷的,这正是《大学》中所说"自天子以至于庶人,一是皆以修身为本"主旨。修身成圣,就应该是一个迁善改过、时迁时改,无一息之停止的过程,在修身过程中要不断努力,坚持不懈才可能实现对道德理想的追求。

2. 外王之为

刘宗周虽仕途短暂,终身以讲学为主,但他心忧天下,秉持儒家"内圣外王"之道。他正直谏言,呈奏达两百九十余篇,在一些奏疏中历数了明代君主专制的弊政,"自厂卫司讥访而告讦之风炽,自诏狱及士绅堂廉之等夷;自人人救过不给而欺妄之习盛;自事事仰承独断而谄谀之风日长;

---

① 刘汋. 蕺山刘子年谱[M]//吴光. 刘宗周全集:第6册. 杭州:浙江古籍出版社,2007:101.

自三尺法不伸于司寇而犯者日众;自诏旨杂治五刑岁躬断狱以千数而好生之德意泯;自刀笔治丝纶而王言亵;自诛求及琐屑而政体伤;自参劾在钱粮而官愈贪吏愈横赋愈逋;自敲扑日烦而民生日瘁;自严刑重敛交困天下而盗贼蜂起"①,揭露了明代专制制度下,贪污、告讦、欺妄、谄谀风盛,法令不行,赋役繁杂,严刑重敛,民不聊生,盗贼蜂起。他把这些现象概括为"末世之政",如此等等之弊政是怎样产生的呢? 他认为全部原因在于君主个人专制,皇帝"耳目参于近侍,腹心寄于干城,治术尚以刑名,政体归之丛脞,天下事有不觉日底于坏者"②。面对这一局势,君王应该怎样做呢? 刘宗周认为君主应该修身成圣以治道,治理之道关键还在于君王要持久提升慎独道德修养,如"有天德者便可语王道,其要在于慎独"③。

儒家的道德修养理论正是强调人要通过自己的努力来完善自己的人格,使得人格完善的可能性变成现实性。刘宗周继承发扬传统儒学,以"慎独"之学,贯穿其思想体系,成为其理论奠基。他认为:"学者但就本心明处一决,决定如此不如彼,便时时有迁善改过工夫可做。"④ 由此持续不断地作工夫修养,便会不觉进入圣人之域,实现对自我的一种超越。而刘宗周生活的社会环境非常恶劣,要在极其恶劣的黑暗社会里修身成人,成为一个堂堂正正且对社会有所贡献的人,所实施的道德践行难度绝非一般。对于所处的社会,他曾说:"今天下世道交丧矣,士大夫容容苟苟,不知忠孝节义为何事……人心日竞,纪纲日坏,行政日驰,封疆日蹙,寇盗日迩,祖宗金瓯无缺之天下,不日拱手而受之他人。"⑤ 这种恶劣的环境里,一个人可以随波逐流,可以苟且混日,因为当时士大夫根本不知礼义为何物,而

---

① 刘宗周. 问答下 [M] //吴光. 刘宗周全集: 第3册. 杭州: 浙江古籍出版社, 2007: 114.
② 刘宗周. 痛切时艰疏 [M] //吴光. 刘宗周全集: 第3册. 杭州: 浙江古籍出版社, 2007: 114.
③ 刘宗周. 痛切时艰疏 [M] //吴光. 刘宗周全集: 第3册. 杭州: 浙江古籍出版社, 2007: 115.
④ 刘宗周. 人谱·证人要旨 [M] //吴光. 刘宗周全集: 第2册. 杭州: 浙江古籍出版社, 2007: 9.
⑤ 刘宗周. 修举中兴疏 [M] //吴光. 刘宗周全集: 第3册. 杭州: 浙江古籍出版社, 2007: 36.

刘宗周却选择做一个堂堂正正的人,一个道德高尚的人,这与儒家高尚的道德感和纯粹的道德意识是高度且紧密相连的。刘宗周在给朋友《与周生》的信中谈到自己的抱负和志向,"不佞少而读书,即耻为凡夫。既通籍,每抱耿耿,思一报君父,毕致身之义"①,表达了年少读书时便定了大志向,如果没有了这个大志向沦为凡夫俗子会为自己感到耻辱,做官后更加是想把这一大志向付诸实践,为江山社稷奉献一生志愿。对于这样的志向,刘宗周丝毫不曾忘记,也用他的实际行动在努力践行,一直都在积极参与当时的社会生活,面对种种国难,都没有退缩、逃离,而是敢于担当着社会的重任,他的这些言行深深地影响着当时的很多仁人志士。

刘宗周充满着对现实的政治的关切,其学术不离人伦日用,这与有些人理解的刘宗周所达到的境界全然只有"内圣",而把"外王"全部抛弃的认识不同。刘宗周不喜空谈德性,他的外王修为更多直接体现在道德践行中。刘宗周秉承其师许孚远的教导,注重道德践行,而他的学生陈确日后成为实学的重要代表人物,与他相联系的人士也都是敢于行动的知识分子,没有一个是道德空想者,体现了其道德躬行的典范影响力。在刘宗周的思想中,人的身体、情感是道德实践的基础和源头,如果没有身体的感性觉知,没有基本的情感,人便不能进入实践的领域。这一点孟子讲得很清楚,在孟子看来,道德实践的充分自我完成,绝对不能仅仅局限在人伦日用之间,且必须一直推进到家国天下的。刘宗周反对徒托空言,重视道德践履,充满济世为民的道德情怀与思想,与东林学派士人的有用于世的认识相契。在刘宗周的思想中,道德行动也正是由人伦日用开始推至江山社稷去的,这足以证明了他重视道德修养的内圣之功,也非常注重敢于担当社会责任的"大身子"的外王之为,甚至置生死于度外。可见,刘宗周始终坚守着"儒家内圣外王"人生修养路径的伦理立场。

3. 超越生死

四库馆臣曾对《论语学案》作过评析:宗周讲学,以慎独为宗,故其

---

① 刘宗周. 与周生 [M] //吴光. 刘宗周全集:第 3 册. 杭州:浙江古籍出版社,2007:394.

解"为政以德"及"朝闻道"章,首揭此旨。其传虽出于姚江,然能救正其失。其解"多闻择善多见而识"章,有云:"世谓闻见之知与德性之知有二,予谓睿智非性乎?睿智之体,不能不穷于聪明,而闻见启焉,今必以闻见为外,而欲隳明黜聪求睿智,并其睿智而槁矣,是隳性于空,而禅学之谈柄也。"① 其针砭良知之末流,最为深切。其解"性相近"章,谓:"气质还他气质,如何扯著性?性是就气质指点义理者,非气质即为性也。"② 虽与朱子说稍异,然亦颇分明不苟。盖宗周此书直抒己见,其论不无纯驳,然要旨抒所实得,非剽窃释氏以说儒书,自矜为无上义谛者也。其解"见危致命"章曰:"人未有错过义理关,而能判然于生死之分者。"③ 刘宗周认为,为学的尽头可谓是看破生死,生死说到底只是义利的放大罢了,义利可以说是为学的初级阶段,大丈夫当学以致用,心忧天下。

刘宗周通过"大身子"的道德理想的追求,最终有了其"大生死"的道德观念,这一观点与儒家传统也是一脉相承的。其《生死说》中提及:"吾儒之学,直从天地万物一体处看出大身子……籍令区区执百年以内之生死而知之,则知生之尽只是知个贪生之生。知死之尽,只是知个怕死之死而已……子曰'朝闻道,夕死可矣'是也。如何是闻道?其要在破除生死心,此正不必远求百年。即一念之间,一起一灭,无非生死心造孽。既无其灭,自无生死。"④ 刘宗周认为生死只是念之起灭,大丈夫取义与天下,放心便无所谓生死,显得淡然。佛教也总讲生死,刘宗周认为佛教所指的了却生死其实是种自私自利的观念,"禅家以了生死为第一义,故自私自利是禅家主意……吾儒之道,既云'万物皆备于我'如何自私自利得?生既

---

① 刘宗周. 论语学案 [M] //吴光. 刘宗周全集:第1册. 杭州:浙江古籍出版社,2007:373.

② 刘宗周. 论语学案 [M] //吴光. 刘宗周全集:第1册. 杭州:浙江古籍出版社,2007:514.

③ 刘宗周. 论语学案 [M] //吴光. 刘宗周全集:第1册. 杭州:浙江古籍出版社,2007:537.

④ 刘宗周. 生死说 [M] //吴光. 刘宗周全集:第2册. 杭州:浙江古籍出版社,2007:323.

私不得，死如何私得？'夕死可矣'分明放下了也"①。刘宗周以佛教生死观与传统儒学生死观相对照，得出佛教以了生死为第一义则是没有真正放下生死，而儒家以"万物皆备于我"为担当，义为天下，不讲生死，却真正做到了放下生死。明朝灭亡，清朝取而代之的时候，众多儒学名臣纷纷以身殉国，不苟且偷生，不贪生怕死。面对性学不明、人心不正、内忧外患、政治腐败的黑暗社会，刘宗周和高攀龙等人以天下为己任皆选择了以其生命践履收拾阳明后学放荡之流弊，这一舍生取义的超越生死的践行，影响了很多同仁志士。

崇祯十七年（1644），李自成入北京，崇祯自缢煤山，清兵入关，明室南渡。清顺治二年（1645）三月，刘宗周考订《大学参疑》，五月改订《人谱》，是年，福王败亡，潞王降清，宗周遂绝食二十三日而死。死前留有一首绝命诗，并且留有生前最后一次答祖轼问学之要。诗云："留此旬日死，少存匡济意。绝此一朝死，了我平生事。慷慨与从容，何难亦何易。"② 这体现的是悲壮的还是无奈的，抑或两种意味都有，是悲壮的无奈，则悲壮出其气节，而无奈却无言以表；是无奈的悲壮，则无奈是历朝历代知识分子的宿命，而悲壮却棺定其具体一生。这是士大夫一生的幽怨，虽有幽怨，甚多感慨，却早已参透世事，看破生死。这最后一次问学，透露出他多少惆怅与感慨。《年谱》记载："因谓祖轼曰：为学之要，一诚尽之矣，而主敬其功也，敬则诚，诚则天。若良知之说，鲜有不流于禅者。"③ 刘宗周一生为学之努力，试图在王学末流猖狂恣众之情况下，立马横出，截断根由，但此时似乎亦显露出一种学问上的无奈。明亡，刘宗周超越生死的高峻品格和行为为他一生恭敬敦笃最终绝食殉国提供了思想基础，这种心系天下、不顾个人安危的爱国主义情怀体现了他崇高的道德品质。

《论语·颜渊》中有这样一段："司马牛忧曰：'人皆有兄弟，我独亡。'

---

① 刘宗周. 答右仲二 [M] //吴光. 刘宗周全集：第3册. 杭州：浙江古籍出版社，2007：333.

② 刘宗周. 绝命辞 [M] //吴光. 刘宗周全集：第4册. 杭州：浙江古籍出版社，2007：590.

③ 刘汋. 蕺山刘子年谱 [M] //吴光. 刘宗周全集：第6册. 杭州：浙江古籍出版社，2007：170.

子夏曰：'商闻之矣：死生有命，富贵在天。君子敬而无失，与人恭而有礼，四海之内，皆兄弟也。君子何患乎无兄弟也？'"① 这里的"死生有命，富贵在天"在历史上非常有名，指人的生死等一切遭际皆由天命决定，而且常常被理解为消极的宿命论思想。在客观事实的面前，纵使人尽力地挽回和扭转局面都是无济于事的，常常用命中注定来概括，用事势所至来形容。既然我们不能完全把握自己的生死、富贵以及命运，那么只能顺势而为、尽力而为。从客观存在规律的角度说，宇宙中有一种无形神秘的力量在控制着我们的人类世界，但是孔子是"知其不可为而为之"的，他凭借自身的学识积极入世，怀揣理想，尽管遇到重创和打击，从未停止过前进的步伐。所以，对于儒教的生死观的理解是不同于佛教和道教的生死报应说的含义的。刘宗周亦是用儒家积极入世的人生观念，来批驳佛教的"空"和道教"虚无"之论的。

据刘汋《年谱》记载："同郡祁世培彪佳始问学于先生，座中言及生死之说，世培请曰：'人于生死关头打不破，恐于义利关有未干净处。'先生曰：'若从生死破生死，如何破得？只从义利辩得清，认得真，有何生死可言？义当生自生，义当死自死，眼前止见一义，不见有生死在。'"② 刘宗周认为君子若以"义"字当先作为为人处世的标准，泰然面对生死的问题，自然会超越生死，所以要看得破生死，必先是真君子，君子有着高贵的品格和高尚的德行，是道德修为追求的理想人格。堪称"一代完人"的刘宗周，是时人的道德模范和典型。

二、君子人格

圣人是尽善尽美的完美人格，君子则是现实生活中有德之人的范型，

---

① 刘宗周. 论语学案 [M] //吴光. 刘宗周全集：第1册. 杭州：浙江古籍出版社，2007：435.

② 刘汋. 蕺山刘子年谱 [M] //吴光. 刘宗周全集：第6册. 杭州：浙江古籍出版社，2007：102.

圣人和君子是儒家的理想人格。孔子未以圣人许人，而积极鼓励人们做有德的君子。刘宗周继承了先贤的这一思想，在现实生活中主张以慎独修身、迁善改过的工夫实现君子作为道德追求的理想人格。

1. 弘毅贵义

在传统儒学思想家看来，利益的斗争是人生厄运、社会混乱的根本原因，而解决这一斗争的根本方法就是尽最大限度的力克制人的私利，遵守弘毅贵义的高尚品格以服从于社会公利。孔子认为君子与小人的根本区别也是体现在义利观上，孔子把守"义"拔高到做人的道德境界，《论语·里仁》说"君子喻于义，小人喻于利"，舍利者为义，取利者为不义。道德境界高尚的君子懂得弘毅贵义，道德境界低下小人则唯利是图。孔子讲"义者，宜也"，倡导使人遵从"义"适应于一定社会道德规范的行为。

刘宗周主张君子应有坚毅的责任心，具有敢于担当"大身子"人格，秉持正义，弘扬大义。他的《人谱》揭示了应该怎样去做一位真正的人，一个有道德的君子，这种贵义弘毅的责任担当精神秉承了先贤曾子志愿。他十分推崇先贤曾子，对《曾子十篇》有独到的见解并予以注说，曾准备到晚年再予以详细证解，第三次定稿《人谱》后，随着明朝的灭亡而绝食殉国的刘宗周，终究留有一些书稿未完成的遗憾。刘宗周也认为儒学的精髓旨在教人"有万物皆备于我"的担当，以社会担当为大任，正如《论语·泰伯》所说，"士不可以不弘毅，任重而道远"，君子应贵义弘毅，舍生取义，"吾儒之学，直从天地万物一体处看出大身子。天地万物之始，即吾之始；天地万物之终，即吾之终。终终始始，无有穷尽，只此是生死之说，原来生死只是寻常事"①。而这种高峻的君子人格来自于他看破生死，敢于担当的"大身子"精神。当唯有献出自己的生命才能保住更多人的生命和利益时，则应牺牲自己以成大义，这种"舍生取义"的精神也并非要求人们完全放弃个人利益而只追求义，而是强调在义利矛盾激化必须取舍

---

① 刘宗周.生死说［M］//吴光.刘宗周全集：第2册.杭州：浙江古籍出版社，2007：323.

时，人们的行为应该遵守大义而舍弃私利的道德原则。

刘宗周提倡人应坚持正义于天下，要有强烈的道义责任感，这与东林人士的为人作派和道德准则极为相似。他认为君子坚守和追求的是道义，而与富贵、贫贱无关，正如孔子所说"不义而富且贵，于我如浮云"，刘宗周认为孔子所说的"非道之富贵则不处，至非道之贫贱又不去"① 的观点体现了道义的无定衡性。那么到底什么才是判断道义的标准呢？刘宗周认为是人的良知，"良知安处便是义，不安处便是不义，至此方是义利关头最精密处，亦便是致知工夫最精密处"。② 一个有德性的人应该严肃地对待自己的人生，慎独修身，弘毅贵义地践行道德品格，只有这样做良知才会得以安然，良知安稳则不会伤害身心健康，损害他人利益，而会凛然正气泰若处之。据刘汋《年谱》记载，曾有被派来暗杀刘宗周的凶徒被刘宗周的泰然威严之气象吓退了。《孟子·告子》曰："仁，人心也；义，人路也。"这里的"义"，是指向人生道德境界的光明大道，仁是指人的心。如果一个人放弃义所规定的正路不走，丧失了人的善良之心则是很可悲的事情，然而，行正义之路，也并非一件容易的事情，人必须具备足够的勇气和无所畏惧的宏毅精神，"临患忘利，遗生行义，视死如归"才是真君子、真豪杰。刘宗周是这样认为，也是这样履行的，君子贵义弘毅，是无论在任何困难的境况中都应该坚持的，这是君子的必备品格。

君子有了遵循"义"的品格，更要有敢"为"的精神，没有勇敢献身精神的人，理所当然地被视为不义之人。君子要做到刚正不阿、深明大义，不能见利忘义、以利害义，不要为了谋求自己的利益或者是官位而讨好他人而丧失道德原则。"仁义"是儒家道德修养的核心，是君子应时刻守持的道德准则，"立人之道，仁与义是也。仁义，其道之门乎！仁，其体也；义其用也。一体一用立，而易行乎其间矣"③。在刘宗周看来，"义"的准则

---

① 刘宗周. 寻乐说 [M]//吴光. 刘宗周全集：第 2 册. 杭州：浙江古籍出版社，2007：290.

② 刘宗周. 寻乐说 [M]//吴光. 刘宗周全集：第 2 册. 杭州：浙江古籍出版社，2007：290.

③ 刘宗周. 原道上 [M]//吴光. 刘宗周全集：第 2 册. 杭州：浙江古籍出版社，2007：282.

不仅仅是君子个人修身之准则,还可以看作治国安邦的准则。对道义的坚守,在刘宗周思想中是一以贯之并付诸行动的。

清兵入关,京师戒严时,刘宗周要帝王保持镇静以安百姓的恐慌之心,匡济救世应以义当先:"皇上以一心为天地神人之主,必务镇静以立本……此匡济时艰第一义也。"① 刘宗周坚定认为,在国难面前,当以义字当先,以天下苍生安危为己任,保持高宇气象,不为威胁所动摇,恪守勇气和责任担当的君子品格。刘宗周贵义弘毅、赤心报国,面对权贵恶霸百般阻挠陷害也终不易其志,上疏弹劾魏忠贤,反遭诬陷被罢官,仍毫不畏惧,以天下正义为先,主张严惩危害百姓的贪官污吏。他深忧国难,为民族大义敢于直言,先后98次上疏,使皇帝大为不悦,随后他被排挤出京,草莽孤臣"告病归里","罢市而哭"为其不平。刘宗周素有清名,敢于直谏,却屡遭革职,仍不改其志。清军入关南下,刘宗周操戈而起,终挽救不了明朝必亡之局势,操戈抗清不成,则在清兵占领南京后,绝食23日以身殉国。

2. 操守甚严

操守是指人的品德和气节,它是为人处世的根本,在人们的社会生活中有着重要作用。刘宗周一生清廉耿直,虽身至高位,家境依旧清寒。他严于律己、操守甚严,任官期间也"日给不过四分,每日买菜腐一二十文",被时人称为"刘豆腐",他不论官至何品,始终是"出入都门,行李一肩",亦被称为"刘一担"。他恪守严谨,操守甚严的程度是常人极难做到的,他的这种自律精神是年少时就养成了的。《蕺山刘子年谱》记载了刘宗周少时寄居外祖父家,冬无棉絮,只能穿着一件舅父的旧棉衣,一穿就是十五六年。

刘宗周自小就秉性严肃,严守节操,终日端坐读书,立志圣贤之学,常以古人自期,二十六岁从许孚远更是深受其师影响。许孚远的学问是以"存天理,灭人欲"为要径,学旨接近朱子,坚守节操,对自己要求自

---

① 刘汋. 蕺山刘子年谱[M]//吴光. 刘宗周全集:第6册. 杭州:浙江古籍出版社,2007:136-137.

然特别严格。刘宗周秉承师志坚守"克己"之功,"每有私意起,必痛加省克,直勘前所由来为如何,又勘后所决裂更当如何"①。刘宗周严于律己,教学也甚为严谨"设教一以严肃为主,盛暑未尝去冠服,有荡简者摈诸门墙之外,大约规模视丁未更宏阔云"②。

刘宗周不仅为人耿直,交友也很慎重,他的朋友都是有着高尚节操、远大志向的同道之士。《年谱》记载,万历四十年(1612),刘宗周的同道朋友"生平为道交者,惟周宁宇、高景逸、丁长孺、刘静之、魏郭圆五人而已"。这几人是刘宗周砥砺名节、交流学问的友人,有不少是东林人士,气节耿介之士。他们对社会和国家的关怀吸引着刘宗周,他们对社会的批判和对道德的追求使刘宗周引为同道。例如刘静之,他刻苦自励,立志以古贤自期。高景逸说:"静之官不过七品,其志以为天下事莫非吾事。"这种家事国事天下事,事事关心的人,正与刘宗周自己的为学志向不谋而合,还有高景逸同刘宗周一样是一个以死证道的君子,他的德行和操守在东林人士中尤为突出。刘宗周以这些操守极严、心忧天下的名人志士为榜样和朋友,忧国忧民的博大心怀影响了很多人,这些同道友人不畏权贵,为民请命,一批批惨遭暗杀也绝不低头为世人赞叹。明朝毁亡,刘宗周绝食而死也不苟活于世的精神深深影响了他的朋友和学生,以至于他的很多学生也效仿他殉国而终,"仗节死义之士,先后接踵天下"。除此之外,还有"全耄隐居,以天年终者","洁身遐举,莫不可踪迹者","足不入城市,以农圃老者",而"经生杜门读书,不应科举者,又比比皆是"。出现这些悲壮的局面,"推其所自,不得不归先生风厉之功矣……向非先生诚笃之教,渐磨以数十年之久,乌能使有位无位,咸知幸用为耻,殉国为正,视一死如饴蜜哉!……先生明道觉人之泽,在百世之远也"。严守节操、刚正不阿的高峻人格使刘宗周成为当时的精神领袖。

---

① 刘汋. 蕺山刘子年谱 [M] //吴光. 刘宗周全集:第6册. 杭州:浙江古籍出版社,2007:62.

② 刘汋. 蕺山刘子年谱 [M] //吴光. 刘宗周全集:第6册. 杭州:浙江古籍出版社,2007:71.

3. 为民立命

"刺奸救弊，仕途五番起落；报国为民，秉持一片丹心"是后人对刘宗周的精神品格的赞颂。刘宗周认为："法天之大者，莫过于重民命。"① 他极其关心世道的盛衰、社会的治乱、朝廷的安危。在《与周生书》中，刘宗周写道："不佞少而读书，即耻为凡夫。既通籍，每抱耿耿，思一报君父，毕致身之义。偶会时艰，不恤以身试之……吾侪为天地立心，为生民立命，万物一体，亦会为此曹著忙。若夫一身之升沉宠辱，则已度外置之矣。惟是学不进，德不修，快取容足之地，而亡其所为天地立心，生民立命之血脉，于世道人心又何当焉？此不佞之所倦倦而不容自已也。昔韩退之中废，作《进学解》以自励，遂成名儒，其吾侪今日之谓乎！"②

自明万历三十二年步入仕途直到明亡，刘宗周经历了万历、泰昌、天启、崇祯各朝，明代末期，以皇室为首的封建统治已经腐朽，社会危机不断尖锐化，人民无法继续深受痛苦，农民起义四起，明王朝如"失舵之舟，随风颠荡"而"汹汹焉将覆溺"。面对这风雨飘摇的局面，身为明王朝的臣子，生平自矢"每抱耿耿，思一报君父"③ 的刘宗周不肯坐视，提出他的"匡救时艰"的政治主张，"近国者造难，繇役增倍蓰。岂不急公上？十室而九洗"。这是万历四十七年刘宗周在《题彭使君册》诗中的其中四句，寥寥二十个字，把官府的横征暴敛和生灵涂炭的惨况作了深刻的描绘。刘宗周看到了晚明社会"民力竭""民生瘁""小民膏血已竭""民生不得其所"的局面，并把造成这种局面归于朝廷的"掊克聚敛之政"，他上疏抨击明廷敲骨吸髓的压榨，"正项之不足，继之杂派，科罚之不足，加之火耗。又三、四年并征，水旱灾伤一切不问。其他条例纷纷，大抵辗转卖妻鬻子女

---

① 刘汋. 蕺山刘子年谱［M］//吴光. 刘宗周全集：第6册. 杭州：浙江古籍出版社，2007：91.

② 刘宗周. 与周生［M］//吴光. 刘宗周全集：第3册. 杭州：浙江古籍出版社，2007：394.

③ 刘宗周. 与周生［M］//吴光. 刘宗周全集：第3册. 杭州：浙江古籍出版社，2007：394.

以应,势且驱为盗,转而沦于死亡"①。刘宗周在历数这种诛求无厌之后并警告,如此下去,势必有"亡国败家之祸"②。他劝说皇帝朱由检要以民为重,不要一味地诛求聚敛,民贫君独富是社稷不稳的重大因素。"今日圣明在上,断以收拾人心为第一义……自古未有民贫而君独富者。"③ 他为民祈求皇上从"厚民生"原则出发,"留心民瘼"废除杂税,"首除新饷"这样做就是实行"仁政",体现了"上天好生之心"④,"法天之大者,莫过于重民命,则刑罚宜省宜平","法天之大者,莫过于厚民生,则赋敛宜缓宜轻"。⑤ 刘宗周关心民间疾苦,为民请命,注重"民生"的主张,揭露和抨击了晚明苛政,大声疾呼在烦刑重敛之政下民苦民困,希望皇上能以百姓疾苦、安危为重,民心安定国家治理才能长久,反映他政治思想上的开明性。但他毕竟是站在封建士大夫立场,不可能从制度上找到造成这些罪恶的根源,对于怎样"厚民生",没有拿出可行的办法和积极的措施,只是向皇帝乞求赋役的征收"宜缓宜轻",即使皇帝采纳了他的恳请,也不过是暂时缓和一下日益尖锐的社会阶级矛盾罢了。

晚明以来,皇帝、大地主、大宦官、大官僚的黑暗专政越来越残暴,对农民起义实行疯狂镇压和屠杀的政策。在朝廷内部则加强控制,迫害和排斥不趋附宦官的正派人士,以致朝廷之内外"孤鼠成群"。天启年间,魏忠贤"专权乱政",提督特务东厂"或兴钩党之狱,生杀予夺,惟所自出,而国家之命随之,则亦宦官必致之祸也"⑥。刘宗周不畏权贵,敢于直言,痛斥魏忠贤利用皇权使用酷刑作威作福,祸国殃民,"民间偶语,或触忠

---

① 刘宗周. 预矢责难疏 [M] //吴光. 刘宗周全集:第 3 册. 杭州:浙江古籍出版社,2007:394.
② 刘宗周. 不敢怀利事君疏 [M] //吴光. 刘宗周全集:第 3 册. 杭州:浙江古籍出版社,2007:127.
③ 刘宗周. 遵旨回奏疏 [M] //吴光. 刘宗周全集:第 3 册. 杭州:浙江古籍出版社,2007:91.
④ 刘宗周. 祈天永命疏 [M] //吴光. 刘宗周全集:第 3 册. 杭州:浙江古籍出版社,2007:88.
⑤ 刘宗周. 祈天永命疏 [M] //吴光. 刘宗周全集:第 3 册. 杭州:浙江古籍出版社,2007:87.
⑥ 刘宗周. 感激天恩疏 [M] //吴光. 刘宗周全集:第 3 册. 杭州:浙江古籍出版社,2007:22.

贤，即被擒戮，甚至剥皮刲舌，加以酷刑，所杀不可数记，道路以目"。崇祯初年，魏忠贤等虽然伏诛，但阉党余孽犹在，以致朝廷有继续恢复和加强以宦官为核心的特务统治。据《明史·刑法志三》载，崇祯帝朱由检"疑群下，王德掌东厂，以惨刻辅之"，"告密之风未尝息"。《明史·陈龙正传》说，当时"东厂缉事尤冤滥"，在此种压迫统治下，人民只是侧目而视，重足而立。刘宗周在《畿辅凋残疏》中说自己对"民间疾苦，未尝不耿耿于心，可以为民请命者，臣终不敢放过也"。从他的许多上朝廷的疏奏中可以看到，刘宗周的确是如此践行的，他不仅为民请命减轻赋役，而且请求放松对人民的政治专制压迫。在"重民命"的主张中，还包括废除由皇帝直接掌握的惩治和侮辱大臣的诏狱和廷杖。崇祯三年，刘宗周在疏奏中指斥这种刑狱说，大臣中一有不中皇帝意志者，"方且重者以杖死，轻者以谪去，又其轻者以降级戴罪，纷纷狼藉，朝署中半染赭衣"①。他劝告皇帝做"仁者"，要有宽大的胸怀，"以天下万物为一体"，刘宗周用汉代董仲舒"正心以正朝廷，正朝廷以正百官，正百官以正万民"② 的话劝慰皇上不要惨淡无情地对待人民和臣下，不要以国为敌，要以身作则，先修正其心，做天下人的榜样，自然带动臣民效仿，以安天下百姓。

具体该怎样对待臣民、治理天下呢？刘宗周提出"独体"是用人行政之本，可以以"慎独"治天下，从躬亲圣学开始。"正今日皇上慎独治天下之谓也。夫在在而择人，至劳也；慎独而求治，至逸也。在在求人，宜贤者遍朝堂，而实而按之，无一贤之可任；慎独求治，宜治之难致，而举而措之，实有效之可据。一劳一逸之间，皇上亦可以览其大概矣。"③ 刘宗周希望皇上能效仿先儒，修圣人之学，便自然可成尧舜之功。这个愿望是好的，但终究不可能实施得了，在内忧外患的动荡局势下，皇上惶恐不安，不可能静得下心修圣贤之学，探求心之独体，以修身为本。改朝换代已是

---

① 刘宗周. 祈天永命疏 [M] //吴光. 刘宗周全集: 第 3 册. 杭州: 浙江古籍出版社, 2007: 87.
② 刘宗周. 再申皇极之要疏 [M] //吴光. 刘宗周全集: 第 3 册. 杭州: 浙江古籍出版社, 2007: 122.
③ 刘宗周. 再申皇极之要疏 [M] //吴光. 刘宗周全集: 第 3 册. 杭州: 浙江古籍出版社, 2007: 122 - 123.

必然之势，刘宗周的"慎独可以行王道"的呼唤也导致他最后忧郁而终。

刘宗周一生笃信儒家的伦理纲常，并且能身体力行恪守不渝。明中叶以来，政治日益腐败，朝纲不振，士气萎靡，人心崩溃，世道交丧，儒家的一套仁义礼节到了晚明更是败坏到了不可收拾的地步。对于形成这种局面的原因，刘宗周曾进行过理论探讨。他认为天下之乱都因人心已坏，"盖三代而后，天下之乱，未有不始于人心者也"①。因此，要想治好国家、安定社会，就要把正人心摆在第一位，"而欲正人，莫若明世教；明世教，莫若道先王之道以道之"②。这里说的先王之道，即儒家理想化了的尧舜所行的仁义之道。他认为。明世教就是行儒家的仁义礼制的教化，明世教主要是靠帝王以仁义礼节化育人心。在他看来，"君志定而后天下之治成"，君主"讲求二帝三王之学"，"则必法尧舜之恭己无为，以简要出政令；法尧舜之舍己从人，以宽大养人才，法尧舜之从欲而治，以忠厚培国命；并法三王发政施仁，亟议拊循，以收天下泮涣之人心"③。总之，君主能如此化育万民，世教得明人心得正，"则人人知有君父，而不知有功名富贵，知有廉耻，而不知有机械变诈"④。这样，朝纲能得振兴，社会风习和道德面貌就会醇厚朴实。

在刘宗周看来，世道的盛衰取决于人心正邪，看是否能明世教；而要明世教，关键在于君主能否以儒家的仁义礼治化育人心。他把儒家的伦理纲常看成治世灵方，把君主个人意志和行为说成是决定成败的关键因素。显然，刘宗周过高地估计了意识形态的影响，夸大了帝王个人的作用。

---

① 刘宗周. 三申皇极之要疏 [M] //吴光. 刘宗周全集：第 3 册. 杭州：浙江古籍出版社，2007：123.

② 刘宗周. 三申皇极之要疏 [M] //吴光. 刘宗周全集：第 3 册. 杭州：浙江古籍出版社，2007：124.

③ 刘宗周. 痛切时艰疏 [M] //吴光. 刘宗周全集：第 3 册. 杭州：浙江古籍出版社，2007：115.

④ 刘宗周. 三申皇极之要疏 [M] //吴光. 刘宗周全集：第 3 册. 杭州：浙江古籍出版社，2007：125.

三、君子之学

刘宗周年近70与世长眠，通籍45年，为官仅4年半，读书讲学几乎占据着他的毕生精力，铸就了他学术思想的宏伟篇章。一方面，他与同时代的绝大部分知识分子有着频繁的学术沟通；另一方面，刘宗周的思想远承近接，对先秦乃至整个宋明儒学皆有所征。

1. 博学

刘宗周对于先秦元典《论语》《大学》《中庸》《易传》都是逐字逐句研究并认真诠释的。他40岁时著的《论语学案》共4卷，洋洋洒洒好几万字。刘宗周于《五经》、诸子百家，皆有所论述，无不精究。刘宗周是位极其博学而学问精深的大儒，这一点刘宗周与陆九渊和阳明皆有所不同。陆九渊不注重著书立说，其语录和诗文共计36卷，1980年中华书局整理出版为《陆九渊集》。王阳明虽守儒者本质，但受佛老思想影响颇多，今存著作为《大学问》《王阳明全集》《传习录》。而刘宗周著作丰富，从黄宗羲的《明儒学案》中可以看出，刘宗周与他那个时代的绝大多数思想家、哲学家都有着较为频繁的对话交流，他的学术思想是在熟知和依托宋明思想家乃至先秦元典儒家思想的基础上构建的。《年谱》中的有关记载明显地证明了这一点，记录了刘宗周在天启六年（1626）于韩山草堂读书，正式读《阳明文集》，但其实刘宗周是将整个明代的文献都加以仔细研读的，所以次年有了《皇明道统录》。这本书表明了刘宗周对整个明代学者的著作不仅有所钻研，而且还有了他自己独到的评论和心得体会。黄宗羲的《明儒学案》可以说是照着刘宗周原来的蓝本写出来的，《明儒学案》"师说"部分从方孝孺、曹月川开始到李见罗、许孚远等人，刘宗周对此一一皆有评论。所以说，刘宗周的学术思想不是孤立创建的，而是在众多儒学先贤思想潮流汇聚采众家之所长的基础上形成的，是有明以来的学术思想集大成者，这是他博学的结果。

对于学习的方法，刘宗周则赞同并借鉴了朱子常言的"学者半日静坐，半日读书，如是三五年，必有进步可观"① 的观点和做法，刘宗周博览群书，加之"半日静坐，半日读书"的读书方法，受持一身，使得我们今天能有幸读到其存世二百余万字的宏伟著作。同时，刘宗周质疑阳明不喜人读书的观点："阳明先生不喜人读书，令学者直证本心，正为不善读书者，舍吾心而求圣贤之心，一似沿门持钵，无益贫儿，非谓读书果可废也。"② 他认为不广泛读书习作而"悟"其心，直证本心的方法，大概也是阳明后学有些堕入狂禅流弊的原因所在吧。接着，刘宗周驳斥了阳明"心即理"的提法，以表明其认为博学的重要性。阳明认为"博学只是学此理，审问只是问此理，慎思只是思此理，明辨只是辩此理，笃行只是行此理"，而曰"心即理也"。刘宗周对阳明的这一提法给出了根源性的回应："若是乎此心此理之难明，而必假途于学问思辨，则又讲何以学之、问之、思之、辩之，而且行之乎？"③ 刘宗周是赞同古人说的"士大夫三日不读书，即觉面目可憎，语言无味"④ 的观点的。

海外教学五十多年的当代已故著名学者陈荣捷先生是宋明理学研究专家，也是国际汉学界新儒家研究的泰斗，他曾在自己的《王阳明传习录详注集评》一书中对刘宗周研究阳明的学术深度给予了极高的评价，认为刘宗周对阳明学的研究评论精辟独特，且后来的学者再也没有超过刘宗周的了。"《刘子全书遗编》二十四卷。道光三十年（1850）刻本。光绪二十五年（1899）重修。崇祯十二年（1639）序。卷十一至十三为《阳明传信录》。卷十一摘录阳明论学书若干。卷十二与卷十三选录《传习录》上卷与下卷约一百一十条。书札与语录大多加以评语。评语虽短，而针针见血。后之评家，未有出其上者。《名儒学案》卷十《姚江学案》几全部复述《阳

---

① 刘宗周.读书说［M］//吴光.刘宗周全集：第2册.杭州：浙江古籍出版社，2007：305.
② 刘宗周.读书说［M］//吴光.刘宗周全集：第2册.杭州：浙江古籍出版社，2007：305-306.
③ 刘宗周.读书说［M］//吴光.刘宗周全集：第2册.杭州：浙江古籍出版社，2007：306.
④ 刘宗周.读书说［M］//吴光.刘宗周全集：第2册.杭州：浙江古籍出版社，2007：306.

明传信录》。"① 在这里陈荣捷先生一再指出黄宗羲著的《明儒学案》中的《姚江学案》"语录"之部摘录阳明论学书与刘宗周的评语,几乎全部复述自刘宗周所著的《阳明传信录》,以致研究阳明的日本专家不知评语是出自刘宗周语,几乎都误认为是黄宗羲语,"《姚江学案》黄氏之叙述,语多精警。其精切处非后之学者所能及"。② 这充分说明刘宗周学术的精深,黄宗羲转摘引用其师刘宗周的研究评论,无需改动一字,字字精辟到位,刘宗周的书稿大多都经过了三次修改校订而最终形成,体现了他极为严谨的治学态度。

杜维明曾评论牟宗三先生所著《从陆象山到刘蕺山》一书是创新性的成果,此书写得洋洋洒洒似乎是一气呵成,却也有些草率,而最草率的部分就是关于刘宗周的那部分。③ 杜先生觉得对此书刘宗周的描述和评论都还存在有些"隔",牟宗三虽然认为刘宗周是"宋明儒学的殿军",但对他的批判也是很严厉的。《从陆象山到刘蕺山》中说:"蕺山之辩驳言论多不如理,或多无实义,时不免明末秀才故作惊人之笔之陋习;其说法多滞辞,自不如象山阳明之精熟与通畅。"④ 这种评价跟刘宗周自己想要表达的问题意识和观点显而易见是不相契合的。实则,牟宗三如果没有把刘宗周所处的社会环境以及问题意识收容到自己的问题意识里面产生共鸣就无法真正理解刘宗周所要表达的,这是客观地研究历史人物的普遍重点和难题。为什么会出现这一"隔"而不相契的现象呢? 杜维明研究刘宗周数十年后给出了他推敲的答案。那就是,牟宗三认为刘宗周不懂阳明,是因为牟宗三研究刘宗周可能只看到了《刘子全书》,没有看到刘宗周大部分研究阳明的如同《刘子全书》分量一般厚重的 24 卷《刘子全书遗编》。杜先生为什么会有这一断论呢? 他的切身体会是,当时他在美国研究刘宗周的东西只能看到《刘子全书》,那个时候看不到《刘子全书遗编》,在当时的美国只有

---

① 陈荣捷. 王阳明传习录详注集评 [M]. 上海:华东师范大学出版社,2009:8.
② 陈荣捷. 王阳明传习录详注集评 [M]. 上海:华东师范大学出版社,2009:8.
③ 杜维明,东方朔. 宗周哲学之精神与儒家文化之未来·杜维明学术专题访谈录 [M]. 上海:复旦大学出版社,2001:21-26.
④ 牟宗三. 从陆象山到刘蕺山 [M]. 上海:上海古籍出版社,2001:324.

陈荣捷先生有《刘子全书遗编》，后来陈荣捷先生的那本拿到了台湾翻印，台湾才有的。本人无法确定杜先生的这一推断是否准确，但值得肯定的是，刘宗周的著作如此宏伟且意蕴深远，要看完看懂且与刘宗周达到"视觉圆融"的境界绝非短时间内能实现的，刘宗周的学术著作内容丰富、涵义深刻，需要字字理解、句句斟酌，而远非背得滚瓜烂熟可以参悟的，这也是杜先生研究刘宗周数十年的心得体会，也是他虽有发表相关文章却最终还未专门出书的原因。

对于刘宗周学说精髓的传承，其高足陈确认为老师著作宏伟弟子众多，但他的思想精髓则是由其子刘汋承接的，"自周而后，则有宋诸儒，以迄我明之阳明子，皆得其闻乎斯道；而或传其门人，或绝而不传，其传子者甚少。独我山阴先生之学则不传其门人而传其子，且必传其孙无疑也。非我先生之不传其门人而独传其子也，则其门人不能传先生之学而其子能传先生之学也故也"①。这一论断可以看出陈确对刘汋的认可和尊重，认为刘汋才是传其"衣钵"的大儒，而其他门人则没有领会先生学之要领。陈确问请先生的学术宗旨，也是自然赞同刘汋说的"先生之学，则有慎独而终归之诚意之学也"②。对此，陈确就不赞成黄宗羲的定论，且与其有许多思想争论。陈确认为，先生刘宗周的学问经刘汋的精心梳理和承接，使得先生的学问"炳如日星"得以彰显，"伯绳其益虚心以求之，集众思以订之，使吾先生之学炳如日星，与千圣而无穷焉。其必不同二溪之说良知，以说我先生之慎独，而今后之人犹有疑我先生之学者。此确所能深信于伯绳，而尤不能不厚望我伯绳者也"③。刘宗周殉国八年之后，陈确见到刘汋仍然行居丧之礼，食疏食、着牺布之衣、寝于外的情境不无为之动容，心存敬意，认为刘汋无论是在做人还是在为学之道都是尊崇其师刘宗周的，他认定宗周之学必定是传子而又传孙的。

刘宗周知识非常渊博，邵廷采在《明儒刘子蕺山先生传》文中记载，宗周之学"粹然集宋、明理学诸儒之成，天下仰其人如泰山北斗。所著数

---

① 别刘伯绳序［M］//陈确．陈确集．北京：中华书局，2009：235.
② 别刘伯绳序［M］//陈确．陈确集．北京：中华书局，2009：235.
③ 别刘伯绳序［M］//陈确．陈确集．北京：中华书局，2009：237.

十种，载《文集》"。① 对于为学旨要，刘宗周回答儒家元典"博学而笃志，切问而近思，仁在其中矣"，进行了深刻阐释，梳理了博学与笃志的内在关系，撰写阐释了《曾子章句》，特别对君子为学五要，即"君子既学之，患其不博也；既博之，患其不习也；既习之，患其不知也；既知之，患其不能行也；既能行之，患其不能以让也。君子之学，致此五者而已矣"② 进行了分析，指出博学即是要多闻多见，如果不习则对所学内容不熟，熟才会进于知、进于行，而再进于让，这才是为学的顺序。刘宗周如曾子一样对为学的要求相当高，要求要知行合一、学以致用，还要有谦虚谨慎的道德品格和修养，才是真正的谦谦君子。如何保持知行合一、言行一致呢？"慎"就是关键，"盖慎德之"。总的来说，刘宗周对宋明思想家的著作文本都作了仔细深刻的研究、对他自己的思想谱系也交代得很清楚，学界将他视为明末儒学集大成者、称其宋明儒学之殿军，实至名归。

2. 立志

立志，是儒学强调人生价值实现的重要条件，是人生命意义能积极展现的前提，是儒家重要的修养方法。"立志"最早出自《左传·襄公二十七年》："志以发言，言以出信，信以立志，参以定之。"阐述了意志、言行与信用的紧密关系。《论语》关于"志"的阐发有17处，主要作"志向""志气""意志"之意。如，孔子曰："十有五而志于学"把立志作为向学的第一要务，他认为人的志向对人的发展起着极为关键的作用，志向一旦确立不会轻易为外物所改变，"三军可夺帅也，匹夫不可夺志也"③。他曾对学生谈起自己的志向，有一次，孔子问颜渊、季路，说："你们为什么不说说自己的志向？"子路回答："我的志向是愿意把我的车马同朋友共同使用，就是用坏了也没有什么不满。"颜渊说："我的志向是不夸耀自己的好处，

---

① 邵廷采. 明儒刘子蕺山先生传 [M] //吴光. 刘宗周全集：第6册. 杭州：浙江古籍出版社，2007：539.

② 刘宗周. 曾子章句 [M] //吴光. 刘宗周全集：第1册. 杭州：浙江古籍出版社，2007：558.

③ 刘宗周. 立志说 [M] //吴光. 刘宗周全集：第2册. 杭州：浙江古籍出版社，2007：320.

不表白自己的功劳。"子路于是问孔子:"愿意听听您的志向?"孔子道:"愿使天下的老人们有所归,有所养,过着安定舒适的生活;愿使社会中的人们相互信任,相互忠诚;愿使青少年们具有远大的抱负和宽大的胸怀。"这便是《论语·公冶长》所说的"老者安之,朋友信之,少者怀之"。正因孔子有如此宏大的志向,他一人生才能致力于最高价值目标——对"内圣外王"的追求。刘宗周非常重视立志在人生发展中的重要性,这一点不仅有他自己的体悟,也深受阳明影响。① 他把立志当作为学的首要基础条件,"学者以立志为第一义,不立志,不可以言学。"在他看来,学人表现出来的种种病痛都是因为意志不坚定造成的,"学人种种病痛,只坐志不立"②。刘宗周还专门著《立志说》以启发和鼓励人们立志。在此篇著作中,刘宗周主要表达了立志之向、志之标准和鼓励立志三个方面内容。刘宗周认为人只有立志,才会更亲近于道而不迷失方向,"学者须立志,立志后变所向无前,立志后则见道愈亲切"③,这里的志,是一种美好的自我实现愿望,是一种自我进步的指向,是推动人坚定向学的内在精神力量,表现为坚强的意志,刘宗周的慎独诚意呈现的就是此意志。刘宗周分析,"义"和"志"的关系是相通且十分密切的,但又不可将二者等同。他认为:"人有生以来,有知觉便有意向,意向渐尝而渐熟,则习与性成而志立焉。"④ 人生下来有知觉起就有了意向,随着年龄的增长、心智的成熟,习性成时就立志了。不同的人有着不同的志向,这里所说的志的初级阶段表现为意向,志的形成与先天之性和后天之习都有关系,立志正则是性,意则是后天的一种呈现,刘宗周认为自己的志向是不为声色货利外物诱惑所动摇的,立志不仅要不为他物所动摇,更要坚持不懈,一生守之。

在《立志说》中,刘宗周并没有完全否定"志"有后天性,但却指定

---

① 刘宗周. 会录 [M] //吴光. 刘宗周全集:第2册. 杭州:浙江古籍出版社,2007:514.
② 刘宗周. 答履思三 [M] //吴光. 刘宗周全集:第2册. 杭州:浙江古籍出版社,2007:310.
③ 刘宗周. 答陈生纪常 [M] //吴光. 刘宗周全集:第2册. 杭州:浙江古籍出版社,2007:370.
④ 刘宗周. 立志说 [M] //吴光. 刘宗周全集:第2册. 杭州:浙江古籍出版社,2007:320.

了"意"是先天的。在《答史子复》中，刘宗周确定了志和意的相关性的同时却强调了不能将意和志相混淆。按照刘宗周的理论，立志者便是"独体"，前面讲过它独体即天命之性，它具有两种基本能量，一种是来自生命体自身，另一种是后天环境里习得而成，那么立的形成也因两种方式而起，一是先天的启发，二是随顺后天发展的要求。刘宗周常拿"独体"与阳明的"良知"相比较，甚至得出独体即良知，良知即是独知时的结论。

阳明常强调立志的重要作用，认为无志不立"如无舵之舟，无衔之马，漂荡奔逸，终亦何所底乎？"① 其意思是说，没有立志则没有了指导方向，如同没有舵的舟，没有衔的马而无所适从。在他看来，天下无可成之事，旷废骸惰、玩岁愒时的现象发生都是因为没有看到立志的重要性。王阳明是从修养工夫上言立志的，刘宗周则是从"体用"关系讲意与志相通的，认为意志相通却不可等同，就程度而言"志"作为"根气"，似乎比"意"为心气还要更深一筹，"意者，心之中气；志者，心之根气"。② 刘宗周认为，意志是人们在践履道德行为时的坚定抉择，以及战胜困难的勇气与力量。刘宗周以为，由于物质利益、名誉地位的诱惑，许多人不能坚定如一地践履道德准则和规范，更缺乏正确选择和坚守意志的决心。为了弥补朱熹与王阳明的学说在巩固纲常名教方面的不足，刘宗周不遗余力地以"诚意"去唤醒人心，要求人们坚定不移、自主专一地确立践履忠孝节义的道德意志，鼓励人们要立大志、立远志的同时给出了检验志的标准，那就是生死。他用生命的存亡来考验"志"的坚定与远大，认为真志于道的价值是可以超越生命的价值的，必要的时候可以以死证道，"世人志货利声色，往往捐生以殉，更不见有志道者捐生以殉，如所谓死而后已者，故学问勘到生死关始真"③。因为，在立志的过程中，志于道的人可以获得比生命价值更加有意义的满足和安乐感。当然，刘宗周如此强调道德意志的标准与

---

① 续编一·大学问 [M] // 王守仁. 王文成公全书：卷二十六. 上海：商务印书馆，1929：852.
② 刘宗周. 问答 [M] // 吴光. 刘宗周全集：第2册. 杭州：浙江古籍出版社，2007：343.
③ 刘宗周. 立志说 [M] // 吴光. 刘宗周全集：第2册. 杭州：浙江古籍出版社，2007：320.

价值，难免带有一种唯意志论的倾向，显得过于感性化。他甚至把明末社会黑暗腐朽的现象看成帝王意志不"诚"的产物，他把人心、意念落实为君主的个人意志，把事物发展的客观规律也归结到一个人的意志上，认为"意志定而后天下之治成"，他这种企图依靠君王一个人的"诚意"意志，来挽救社会的必然灭亡之势的想法，也是有些不切实际的，是一种主观的空想。

刘宗周批判那些为蝇头衣冠之利动摇志向的人："子曰：'士志于道，而耻恶衣恶食者，未足与议也。'一衣食间便动得来，成甚志？圣人直鄙其为无志耳。须知男儿负七尺躯，读圣贤书，被服衣冠，所学何事？不思顶天立地做个人，直欲与蝇头争得，蜗角争能，溷厕之中争臭味，岂不辜负了一副衣冠！"① 认为仁人志士不会因蝇头小利争斗而改变志向，有志者应该具有坚实的学识基础，那些有志气而无深厚学问基础的人在人生实践中一遇难题就往往会处于难堪的境地。"立志亦不得浮慕。有根器人，虽沉迷歧路，久久一觉，便一日千里，所'败子回头金不换'是也。"② 不同人有不同价值目标会立不同的志，为学应立志于道，有根器才不易被迷惑。立志必须是正确方向符合实际的，如果一个人志向远大而坚定，就会自觉以高超的修身标准要求自己不至于放纵。刘宗周认为："儒门淡泊，是其本色也"。③ 儒者的价值取向不应是功名利禄，而应胸怀大志、立志于仁，心忧家国天下。正所谓儒家提倡"学而优则仕"，士人君子有其内在的道德标准和要求。刘宗周体悟到，为学要不屑于与流俗为伍，无论是格物致知还是躬行天下，立志是第一位的，"自幼有不屑流俗之意，此意最真，此来从事学问，见义必为，如饥渴之于饮食，其实鲜有惬心处，每自刻责，故乐于同志商求尔"。④ 如何保持不陷入流俗之意呢？由此看，仍然是以慎独修身为要。门人秦弘祐记载了刘宗周与陶奭龄论"有志于学者，立身须以流俗

---

① 刘宗周. 立志说 [M] //吴光. 刘宗周全集：第 2 册. 杭州：浙江古籍出版社，2007：320.
② 刘宗周. 立志说 [M] //吴光. 刘宗周全集：第 2 册. 杭州：浙江古籍出版社，2007：320 - 321.
③ 刘宗周. 会录 [M] //吴光. 刘宗周全集：第 2 册. 杭州：浙江古籍出版社，2007：529.
④ 刘宗周. 会录 [M] //吴光. 刘宗周全集：第 2 册. 杭州：浙江古籍出版社，2007：507.

异"的观点,刘宗周更担忧的是后学不学,忽然失足而不可得,故"先生示学者,而归本于慎独"。① 从刘宗周的论述中,看到立志是为学成人的必备前提基础,"慎独"才是为学者独善其身的重要的修养方法。刘宗周阐述的"内圣外王"之道,以"慎独"修养贯穿了始终。

---

① 刘宗周. 会录 [M] //吴光. 刘宗周全集:第2册. 杭州:浙江古籍出版社,2007:512.

第七章
刘宗周"慎独"伦理思想的历史地位及其影响

明朝灭亡后,刘宗周绝食殉国,为他学术人生画上了一个句号,也为宋明以来几百年的心性义理之学作了一个总结。邵廷采曾公启:"伏见郡城蕺山刘先生者,性成忠孝,学述孔、曾;立朝则犯颜直谏,临难则仗节死义;真清真介,乃狷乃狂。洎自晚年,诣力精邃,揭慎独之旨,养未发之中,刷理不爽秋毫,论事必根诚意。固晦庵之嫡嗣,亦新建之功臣。若其正命而终,犹见全归之善。死非伤勇,何从容慷慨争易难;道集大成,总玉振金声俱条贯。海内称之曰子,来者仰之如山。"① 这是对刘宗周一生为人、为官和为学的总结与评价。对于当时的人来说,刘宗周的道德人格达到了崇高、悲壮的境界,是高尚的,也是令人惋惜的。今天,当由我们依据实际存在的状况来作取舍,梳理传承发扬儒学之精华,弘扬他高尚人格,和"忠义"的道德修养。

---

① 请建蕺山书院公启[M]//邵廷采. 思复堂文集: 卷七. 杭州: 浙江古籍出版社, 1987: 330.

一、刘宗周"慎独"伦理思想的历史地位

刘宗周是宋明儒学中自王阳明以后能自成一系的大学者，堪称宋明儒学的最后一位大师。他官至左都御史，但不算政治家，"他只是儒家学说的一位崇信者、捍卫者和以生命为之践履的实行者"①，同时，他还是儒家学说系统的开拓者，他"慎独"思想体系彰显"人学"旨趣，极具伦理学研究价值意义，作为宋明儒学集大成者在传统儒学中有重要的历史地位和影响。

1. 宋明儒学之殿军

人们认为，刘宗周是宋明儒学的殿军，此说不为过。他虽然未能开创一个时代，但却为一个时代的终结画上了句号。刘宗周作为儒学中重要人物，其思想取百家之长而融会贯通，可推本于程朱、阳明，而又另立系统，与他们又皆有不同；深受许孚远的影响，但其学术范围又远广于许孚远。他对先儒的学问宗旨精研覃思、有所取舍，最终创设自己的理论体系。

回顾历史，我们发现大凡每一代思想家在创立其富有历史意义的思想时，总是从审查、批判上一代人所具有的思想前提开始的，正所谓"不破不立"。刘宗周一生为学从思想背景上看便是试图在王学末流猖狂纵恣的情况下，勉力矫正、更求发展的一次着力尝试。刘宗周对阳明之学是"始疑之，中信之，终而辩难不遗余力"②，说明阳明学说是宗周学说得以建立的"思想前提"。晚明时期，王学的心即理逐渐演变为以心说性，普遍的理性原则遭受着个体情意不同方式的冲击。宗周之学则以慎独、诚意为宗，以敦行为本，以知天为归，在心性学的理论系统之中着力于显发性天之尊，正是在审查、批判阳明良知学说的基础上展开理论的重建工作。

---

① 东方朔. 刘宗周评传 [M]. 南京：南京大学出版社，2011：381.
② 刘汋. 蕺山刘子年谱 [M] // 吴光. 刘宗周全集：第6册. 杭州：浙江古籍出版社，2007：147.

梁启超在《中国近三百年学术史》书中曾评价："王学在万历、天启间，几已与禅宗打成一片……刘蕺山（宗周）晚出，提倡慎独，以救放纵之弊，算是第二次修正。明清嬗代之际，王门下唯蕺山派独盛，学风已渐趋健实。"① 梁启超认为，在明清之交，阳明门下唯刘宗周一派独盛，学风一反末流蹈空之弊而转至健实，这一说法是客观的。刘宗周在思想上有许多独到之见和独创之处，而最突出的自然莫过于他对心、性、情、意的阐发和工夫修养的探析。从心性学造诣角度上说，刘宗周创设的微密幽深的思想体系可以说前无古人，后无来者。现代新儒家学者对刘宗周的学术非常看重，钱穆、牟宗三认为刘宗周是"宋明儒学之殿军"，杜维明称赞刘宗周是"中国十七世纪最具原创性的哲学家之一"，唐君毅则称刘宗周为"宋明儒学最后之大师"。所以，从理论发展意义上讲，刘宗周融合程朱陆王心性学说，某种程度上完成了宋明理学完结的总任务，从黄宗羲以"蕺山学派"作为"明儒学案"的总结篇来看，这个学术历史定位具有重要意义。

正如杨国荣先生概括的，"刘宗周的哲学不仅作为晚明理学的绝唱而在历史上终结了理学，而且亦作为理学演进的内在环节而在逻辑上终结了理学"②，刘宗周学术中对"性体"的重视和对心学的修正，表现了他重建道德理性原则的学术倾向。这是一种为恢复传统儒者学术尊严、抑制情意的僭越、抗衡意志主义而作出的毕生理论努力，具有极高的时代意义，但同时理性主义与本质主义倾向也相当明显，这与其对程朱理学的继承吸收不无关系。在理学诸多纷争矛盾中，刘宗周深入研究各派思想，对照儒家《大学》《中庸》《论语》《孟子》等先秦元典作了梳理总结，试图排除佛老和西学的杂糅干扰，力图回归道学传统。他虽在"心性之辩"上实现了逻辑的回归，却也没能创造出一个新的思维方向和理论体系。黄宗羲接过了历史的交接棒，实现了刘宗周所期待的而又迈不过的向经世致用、世功实学的启蒙和转向。刘宗周的道学思想虽然在维护封建皇权的统治，他的实学思想和道德实践为明清之际伦理思潮启蒙运动则起到了重要影响，为人

---

① 梁启超．中国近三百年学术史［M］．北京：东方出版社，1996：47.
② 杨国荣．刘宗周思想的历史地位［J］．中国哲学史，1996（4）：82.

民所敬重。

2. 《人谱》的理论贡献及其历史地位

《人谱》是刘宗周自认为最重要的著作，深刻地体现了他伦理思想的主要内容。他三易其稿，临终前还交代其子刘汋，其著皆可不留，唯独《人谱》可留作家训。刘宗周写《人谱》是针对阳明心学之后晚明思想所出现的裂变而发，当时以袁了凡为代表的各种功过格非常流行，不少儒者对此进行了批驳。王汎森说："著文批驳《立命篇》，或是以各种方式非难袁黄的文字多至不可胜数，而且从明末到清初不曾断过。"① 赵园说："将上述言论收集排列在一起，似像是其时有过一个针对袁氏《功过格》的批判运动。"② 刘宗周的《人谱》则是具有代表性的批驳袁氏的作品之一，他曾批评此类论"道"要么是流入玄虚，要么集显功利色彩，"今之言道者，高之或沦于虚无，以为语性而非性也；卑之或出于功利，以为语命而非命也"③。

刘宗周的两位弟子陈确、黄宗羲都非常重视《人谱》，以它作为人生道德规范行为的参照标准，陈确曾说："吾辈工夫只须谨奉先生《人谱》，刻刻检点，不轻自恕，方有长进。舍此，别无学问可言矣。"④ 黄宗羲则在举办"证人讲会"的时候，秉承其师遗志专门讲述《人谱》。他们认为只要按照《人谱》中的工夫论思想去践行道德，肯定可以达到修身以成圣的理想境界。清人傅彩对刘宗周《人谱》曾给予了很高的评价，认为宗周的学说修为是儒学之正统，其学直传孔孟先儒："而余于其中，益窥见先生之用心矣，于课业则言过不言功，远利也；于征古则记善不记过，仿朱子《小学外篇》之例，隐恶扬善也……俾千万世而后，知先生直接道统正传，与前五子、后五子同日月之经天，江河之行地也。"⑤ 新儒家的代表人物唐君毅

---

① 王汎森. 晚明清初思想十论[M]. 上海：复旦大学出版社，2004：121.
② 赵园. 《人谱》与儒家道德伦理秩序的建构[J]. 河北学刊，2006（1）：45.
③ 刘宗周. 人谱·自序[M]//吴光. 刘宗周全集：第2册. 杭州：浙江古籍出版社，2007：1.
④ 与戴一瞻书[M]//陈确. 陈确集. 北京：中华书局，1979：106.
⑤ 傅彩. 康熙本人谱序[M]//吴光. 刘宗周全集：第6册. 杭州：浙江古籍出版社，2007：713.

也着重强调过刘宗周《人谱》的重要性，甚至将其中的《人极图说》看作宋明理学的终结之作，在宋明理学中地位极其重要。他曾讲："蕺山为宋明儒学之最后之大师，而濂溪为宋明儒学之开山祖。故吾常谓宋明理学以濂溪之为《太极图说》……而以蕺山之《人极图说》摄太极之义于人极之义终。"①

除了工夫实践论、记过不记善和《人极图说》，《人谱》中关于"恶"的理论也引起了一些儒家学者的重视。传统儒家对人性恶一直以来有一定的关注，而在《人谱》中这一关注已集大成，并发展成理论形态，为传统儒家人性论的丰富与发展作出了极大的贡献。杜维明以"中国历史上一部非常有独特性的道德精神现象之原理原则的著作"② 来评价《人谱》。张灏则说："《人谱》里面所表现的罪恶感，简直可以和其同时西方清教徒的罪恶意识相提并论。"③ 牟宗三评价更高，认为儒家对于人性恶的本质挖掘到了刘宗周这里已至完备，这也算是作为宋明儒学终结者的理论依据了。

此外，对功过格中极端功利化的思想进行批驳，也是刘宗周作《人谱》的主要目的之一。刘宗周从儒家的人性善的思想出发，对治功利作出了独特的理论贡献。不仅如此，在社会实践中，《人谱》也起到了一定的实际作用，从明清时期到中华人民共和国成立前甚至是现在都或多或少可以看到《人谱》的影响力。王汎森在其《中国近代思想中的传统因素——兼论思想的本质与思想的功能》④ 一中，对《人谱》的社会实践作用有一个深刻分析，他认为从清末官方颁定的学程和个人论述中都还可看到《人谱》的影响，"一九〇四年十一月二十六日张百熙、荣庆、张之洞《重订学堂章程》中的《奏定初等小学堂章程》，在修身课上规定摘讲朱子小学、刘宗周《人谱》"。他还说："在新文化运动前后，清代宋学复兴的领袖如倭仁、唐鉴、吴廷栋、李堂阶等人的文字极少被提到，反倒是明儒刘宗周的《人谱》影

---

① 唐君毅. 中国哲学原论·原教篇 [M]. 香港：香港新亚研究所，1975：492.
② 杜维明，东方朔. 杜维明学术专题访谈录——宗周哲学之精神与儒家文化之未来 [M]. 上海：复旦大学出版社，2001：140.
③ 张灏. 超越意识与幽暗意识 [M]. 台北：台湾联经出版社，1989：72-73.
④ 王汎森. 中国近代思想与学术的谱系 [M]. 长春：吉林出版集团有限责任公司，2000：102-107.

响最大。""到了 20 世纪 30 年代，四川某地的校长每周还给学生讲刘宗周的《人谱》，意图纠正新文化运动以来造成的道德散乱之风气。"这样的说法虽不一定合乎时代要求的发展，但可让人感觉到《人谱》在社会现实中的作用力，尤其是在一部分儒生中有根深蒂固的影响。在社会风气浮躁，社会思潮涌动碰撞的今天，传承中华传统文化之精华，不仅是历史的记忆，更是当代人的责任。对于刘宗周《人谱》的当今价值意义的理解和运用，应根据时代特征进行辩证的客观的全面的看待，坚持以马克思主义中国化植根于中国传统文化的要求守正创新，进行创造性转化和创新性发展，为新时代道德建设贡献力量和智慧。

　　刘宗周著《人谱》的目的本为阻止功过格的过度流行，并意图解决道德的完善和现实的幸福的问题。但是，我们也要认识到，《人谱》并没有真正解决"圆善"的问题，或者说这一实践价值没有得到充分的挖掘和运用。李泽厚先生对此谱教条式标准也作了遏制人性自由的否定性评价。从明末清初直至现在，功过格仍然在社会生活中发挥着作用力，而且这种作用力还得到了一些清朝名臣的极力推崇。最典型的就有曾国藩，他要求其子孙都要读《了凡四训》，并作为立身处事的准则。新文化运动后，儒家传统文化遭到了极大的破坏，相当长的一段时间内，新文化以排山倒海之势恣意冲击着已经延续了几千年的传统文化。改革开放以来，学者专家尝试对儒家文化进行重新定位，坚信中国传统文化对中国仍有价值，尤其是认为中国本土固有的儒家文化和人文思想存在着永恒的价值，这种对传统儒学重温和重构加深了两岸学者的交流和友谊。两岸学者通力合作，于 1996 年第一次出版了《刘宗周全集》，才让世人可以系统全面地读到刘宗周现存所有学说理论。但是，这些对传统文化精华的弘扬并没有消除功过格功利思想在现代社会中的影响，功过格仍受到了拜金主义者的欢迎，因为一切朝钱看是这些人的人生信条。《人谱》几百条道德条例虽然不符合当今时代特征，但他的学理性和道德境界以及途径的梳理是具有心理学特征、伦理学价值的。从古到今人禽之辨"证人之所以为人"是不朽的思想学术话题，也是很有必要研究的现实问题。对《人谱》进行深度的研究，对其进行现代性转化和创新性发展，赋予时代特征，根据当今条件与时俱进地创造出具有中国风格、民族特色的国人谱系，对凝聚社会主义核心价值的共同理想认识加强道德实践，是有一定的理论和现实意义的。

3. 刘宗周"慎独"伦理思想的历史局限性

刘宗周的理论体系是统一而完整的，从道德本体的重新确立到严毅清苦的工夫践行都表明其在心学、理学总结上的周到与严密。然而，受时代因素和社会环境因素的限制，无论刘宗周的慎独伦理思想体系在当时是如何完整与圆满，进入现代社会后，其自身的缺陷和不足也逐渐显现。

其一，刘宗周"慎独"伦理思想所信守的圣人价值理念与时代精神有很大差距。关于这点，有学者曾指出，刘宗周"将已经狂驰于现实世界的人心重新囚缚于冰清玉洁的理性圣殿中，这不能不说是一种历史的隔膜和理性的误导"①。所谓"狂驰于现实世界的人心"，说的就是早期市民意识的渐渐觉醒，使封建的纲常伦理体系开始受到冲击，并逐步走向瓦解。当时的心学思潮与文学思潮的活跃便是来自封建文化内部的一场深刻的自我批判运动，他们冲破封建精神的枷锁，用不同的形式反叛传统道德价值，重新审视人的理欲观、情理观、义利观、男女观，倡导人的自然权利。作为封建儒家文化坚定维护者的刘宗周，对这些新的思潮、新的观点、新的动向并不理解，仍然以封建礼教坚守者自居，以"证人"之学来教化世人，表明了刘宗周思想于时代精神的发扬是有滞后性的。

其二，刘宗周"慎独"伦理思想恪守道德人本主义的历史局限性较突出。儒家道德人本主义对人性及人道的理解是片面的，它把立德看成人生理想的最高价值，把道德看成教育的最高目的，是过分注重道德教化的符合封建统治的理想人格和理想社会的塑造模式。这种道德人本主义最大的危害是一定程度上限制了人的创造力，阻碍了人的能力的全面发展，把人塑造为单一的道德主体，忽视了人的社会性。一个人成德固然非常重要，但这只应是人生全部价值内涵的一部分，儒家道德人本主义把道德放在至高无上的地位，成为人生唯一的目标，是不利于人格的全面健全发展的。

---

① 李振纲. 心体的重建与理学的终结 [J]. 现代哲学, 2004 (4): 86.

晚明时期，朝廷已是风雨飘摇，士大夫们则全不知道德节义为何物，理学价值体系的维系也到了岌岌可危的地步，面对这样的世况、学风、民情，刘宗周"居朝则直陈时弊，激浊扬清，苦心竭虑，效忠朝廷；在野则洁身自好，和睦乡谊，集众讲学，倡明世教"①，仍以"司世教者"自居，最后舍生取义，以身殉国。当然，如果站在封建正统论的立场上说，刘宗周可称得上是理学道统要求下的道德完人。因为刘宗周的"绝食殉国"从儒家所倡导的道德人本主义角度看，是为守护自己的价值理念甘愿献出生命，可以说是崇高而悲壮的，从封建传统文化价值意义上说，也不愧为是一种为道德而牺牲的涅槃之举。但同样也说明，刘宗周所恪守的道德人本主义与前儒比起来还要苛刻得多，也使儒家道德人本主义的历史局限性更为突显。所以，我们在评价刘宗周伦理思想的时候，需要更多地用历史的尺度和标准来看待他，而不是仅以文化与道德的尺度来代替衡量。

其三，刘宗周"慎独"伦理思想，以道德对政治的拯救实现国治民安的消极影响。明朝末年，王门后学颠倒良知，抛弃修身工夫，以致言行失范，学风日下，传统优良的伦理道德丧失殆尽。此种情况渗透于明末社会方方面面，由上至下，从官到民，伦理道德的遵守传承已到了土崩瓦解的程度。刘宗周作为一名士大夫学者，生当此时自然会以现实为基础，首先从理论上寻找导致这种社会状况的原因，为国家、为民族、为士大夫们寻求一条出路。这个理论上的基点就是他的慎独诚意论，刘宗周想以普遍的道德本体原则、严密的工夫践履来匡正心学，对被遗弃的道德修养作一些力所能及的补救。尤其是整个士大夫阶层的全面堕落，最让刘宗周痛心疾首，试图通过竭力倡明学政来改变国是日非且岌岌可危的明朝命运，"臣窃谓：救世者必先识天下第一义而操之，往往于形见势绌之外，别有转移而收功甚捷，则今日之学政是已"②。这也是刘宗周作为一个学者所能用的最好的方式了。当然，这种所谓的最好的方式，还是超越不了传统儒家德治天下、把道德看作救世第一要义的本位主义的历史局限性，这也是儒家人

---

① 李振纲. 心体的重建与理学的终结 [J]. 现代哲学，2004（4）：86.
② 刘宗周. 修举中兴疏 [M] // 吴光. 刘宗周全集：第3册. 杭州：浙江古籍出版社，2007：35.

物每每在国破家亡之时经常会表现出的乌托邦式的性格。刘宗周也不能避免，在某种意义上还更加倾向于从道德的层次来批判现实，而这种批判先天就是缺乏深度和厚度的，于救世济人更是乏善可陈。所以，刘宗周以道德救政治的基本思路是缺乏创造性和现实性的。就时势而言，明末全面崩溃的社会局面的根源不简单在于社会道德的堕落，也不可能靠道德的振兴就能挽回，明的灭亡已是一个不可抗逆的大趋势，这不是一时一事造成的，刘宗周没有想到要解救社会的危倾须从整个社会腐败的根源上寻找原因。刘宗周一生虽历朝三代，但为官年限极短，为学时间极长，或许也跟明末几朝皇帝没有一个能治朝理政有关。以刘宗周之学术性格、铮铮铁骨，对国家大事每有上疏谏言，但也只能表明他的忠诚和勇气。在皇权至上的封建帝制面前，刘宗周的道德诉求、政治诉求没有生存空间，这是中国整个封建的政治格局所内在地注定了的。在刘宗周这里，宋明理学已经完结，而社会历史的车轮永远不会停歇，蕺山后学对宗周的继承与发展具有重要的社会影响和价值意义。

二、后世对刘宗周"慎独"思想的继承与发展

刘宗周的弟子众多，大都能遵循其以"慎独"为宗的学说理论，并且身体力行。陈确更是予以"吾师之圣，无愧孔、姬"①的极高评价。他们常常在民族国家危机的关键时刻讲求大节大义，这得力于他们所信守不渝的"慎独"之学，说明刘宗周的"慎独"学说并非只教人做道貌岸然的谦谦君子，而是实实在在地躬行道德践履。刘宗周的传人对慎独学说的继承和发展大致可分为三派，主要以张履祥、陈确和黄宗羲为代表。

1. 张履祥对刘宗周"慎独"思想的继承与发展

张履祥（1611—1674），字考夫，别号念芝，学者称杨园先生，浙江嘉

---

① 祭山阴刘先生文[M]//陈确. 陈确集. 北京：中华书局，1979：307.

兴府桐乡县人。毕生从事书馆与农耕的乡野儒者张履祥，也因为其学术成就和道德践履成为刘宗周弟子之中最早入祀孔庙的圣贤。

虽然张履祥师从刘宗周学习的时间不到三个月，但是师生之情却很深。张履祥所作《上山阴刘念台先生书》《先师年谱书后》《告先师文》，以及在与同门友人叶敦艮、吴蕃昌等的书信中，都有提及老师刘宗周对于他的影响，其中最为重要的是，经过刘宗周的指点，张履祥对于道学的体认得到了升华，"吾见刘先生后，自信益笃；自失士风以后，自修益急；自别开美以后，自警益切"①。刘宗周具有统合性的学术，使得张履祥多年研习所得得以打通，起到了点化之功。

张履祥虽然在思想学术上受到了刘宗周的影响，但是后来却没有继续沿着心学一系发展。随着明朝的灭亡、刘宗周的去世，张履祥选择了"由王返朱"的学说路径，二人之间的思想差异越来越大了。对于先师刘宗周的"诚意""慎独"等观念，张履祥后来也有了不同的解释。其主导思想就是刘宗周慎独之学，为学的工夫只有慎独，体会独体，讲"独"说得也有点玄妙。到了张履祥五十四岁时，他说："世人虚伪，正如鬼蜮，先生立教，所以只提'慎独'二字，闻其说者，莫不将独字深求，渐渐说入玄微。窃谓'独'字解，即朱子人所不知而已所独知之处，一语已尽，不必更着如许矜张。吾人日用功夫，只当实做'慎'之一字。"② 由此可知，后期的张履祥更倾向于朱熹对于"慎独"的解释，认为可以避免刘宗周"慎独"之教所导致的"玄微"，即避免王门后学的种种弊病。他极为重视实学和实践，认为学者应耕读而不偏废，他教学之余也参与农耕劳作，特别关心民生和民情，著有《补农书》以补《沈氏农书》之不足。张履祥传承和发展了其师刘宗周思想中融合程朱学的部分，强调实际工夫，不高谈阔高论，推崇程子笃实、朱子精密思想精髓，强调有切实工夫，避免落入佛老玄虚。

张履祥为朱学的尊崇发扬是出于对于不同时世、不同思想背景的思考。但无论是对于王阳明，还是对于先师刘宗周在选择学术的承继、取舍之时，

---

① 愿学记二［M］//张履祥. 杨园先生全集：卷二十七. 北京：中华书局，2002：740.
② 备忘二［M］//张履祥. 杨园先生全集：卷四十. 北京：中华书局，2002：1093.

张履祥都有自己的标准。他说:"窃以前人已死,其得其失论之固已无益于彼。在吾人,既欲取以为法,则其得者固当择而取之,其失者亦当择而舍之也。是固不可以不论之详。"总之,"吾人为学,只择其善者而从之,不当守一家之说"①。他是从如何有益于当时的世道、人心出发,张履祥的学术才从王学一系转向了朱学一系的,他对于刘宗周的蕺山之学的评述,其立场也是朱学的。甚至对于蕺山之学哪些内容该传哪些内容不该传也有独特的看法,尽管他为学转向朱学,但他的择友观、善恶观、是非观,甚至生死观,都坚持了其师刘宗周的"慎独"说,迁善改过的修养方法也大多相似。"幽明生死,只是一理。慎于独,所以通幽明,一生死。"② 这些也都是出于对师门的继承与发展。正如有学者指出:"张履祥的师从刘宗周非但无妨于、甚至有助于其从事程朱之学。这或许应部分地归因于刘宗周思想的复杂性。宗朱、宗王截然二分,对于其时的士人,已不尽适用。"③

总的来说,刘宗周深刻地影响了张履祥的一生,使得他能够真正开始致力于圣贤之学的义理与距履。虽然张履祥所事于程朱之学而非王学,但是对于刘宗周学术的承继,是推动张履祥学术精进的关键。

2. 陈确对刘宗周"慎独"思想的继承与发展

陈确(1604—1677),初名道永,浙江海宁人,字非玄;明亡之后改名为确,字乾初。陈确的著述主要有《性解》《大学辨》《葬书》等,其思想学术近于陆王一系的心学,对于刘宗周的"慎独"之学有所继承而创立了自己的"素位之学"。

与张履祥一样,陈确对于先师刘宗周是十分尊敬和推崇的。刘宗周还曾以"千秋大业"期许陈确,可以说对先师的信仰,是陈确能够完成对宋儒学术批判的精神动力;对先师学术的体悟,是陈确创立自成一说的"素位之学"的思想来源。陈确一生致力于蕺山之学的弘扬,曾经在海宁的省

---

① 与许欲尔二[M]//张履祥.扬园先生全集:卷七.北京:中华书局,2002:201-202.
② 问目[M]//张履祥.扬园先生全集:卷二十五.北京:中华书局,2002:687.
③ 赵园.刘门师弟子——关于明清之际的一组人物[C]//汕头大学新国学研究中心.新国学研究:第1辑,北京:人民文学出版社,2005:199.

过社推广《人谱》，参与浙西一带的其他学术活动也是为了薪传刘宗周"证人之会"。师事刘宗周，以及之后的明亡，对陈确的影响非常之大，可以说是他一生的转折点。刘宗周的"慎独"思想使得陈确的为学旨趣从俗学转向道学，从"放浪恣情"逐渐走向"克己内省"的道德实践，从"寄兴潇洒"的士人风度，达到"胸怀恬旷而践履真笃"的圣贤气象。

陈确的思想中有许多承继刘宗周的元素，他倡导"素位之学"，与刘宗周的"慎独"思想，特别是《人谱》的迁善改过说有紧密联系，他的理论创造和学术地位超过了人们对刘宗周的认识和影响。陈确把"独"解释为"本心之谓，良知是也"，把"慎独"解释为"兢兢不失其本心"，"慎独者，兢兢无失其本心之谓，致良知是也"。① 这符合刘宗周对慎独的理解。刘宗周还说，"自古无现成的圣人"②，连尧舜这样的道德高尚和人格完善的人，也是兢兢业业、不费工夫实践而来。刘士林在《先大父念台府君行实》解释慎独是"事心之功"，也与陈确的"兢兢不失其本心"含义是一致的。

"慎独"的内涵丰富有一个发展过程，刘宗周早年和晚年对其都有不同理解。其子刘汋在《年谱》中曾认为刘宗周是从存养的角度理解"慎独"，与先儒从省察的角度理解"慎独"有很大的区别。这种说法我们需仔细斟酌，因为刘汋仅仅是从身心修养方法上理解刘宗周的慎独学说的。在中国传统的伦理思想观念中，存养和省察是两种非常重要的修养方法，理学家一直有静而存养，动而省察之说，这种观念与对心与意是"未发"还是"已发"的理解有很大关系。前面讲了，朱熹认为"意者，心之所发也"③，陈淳也解释意为心之所发。④ 刘宗周则刚好相反，认为"意者心之所存，非所发也"⑤，批评朱熹把意理解为心之所发是错误的，意应是心之所存。那么，什么是"未发""已发"呢？简而言之，朱熹理解的"已发"是指，当意识处于活动状态时，注意省察这种活动，不让其偏离"善"的意念，

---

① 辑祝子遗书序 [M] //陈确. 陈确集. 北京：中华书局，1979：240.
② 刘宗周. 人谱 [M] //吴光. 刘宗周全集：第2册. 杭州：浙江古籍出版社，2007：9.
③ 大学章句 [M] //朱熹. 四书章句集注. 北京：中华书局，2011：3.
④ 陈淳. 北溪字义 [M]. 北京：中华书局，1983：17.
⑤ 刘宗周. 学言上 [M] //吴光. 刘宗周全集：第2册. 杭州：浙江古籍出版社，2007：390.

强调保持固有之"善"。而刘宗周理解的"未发"是指,当意识处于静寂状态时,注意保存这种活动,加强培养心性之"善",强调扩充人性之"善"。刘宗周早期的很多言行都说明,他曾特别强调"慎独"学说中"未发"之存养之功,如他曾用一个形象的比喻"树木有根,方有枝叶,栽培灌溉工夫都在根上用,枝叶上如何著得一毫"①来回答"慎独"为什么是存养之功,还进一步解释说"静中养出端倪,端倪即意,即独,即天"②。这些都说明刘宗周的确在他的慎独学说中强调了存养之功。从这一角度来说,刘汋对刘宗周"慎独"内涵的理解是对的,但我们必须特别注意"慎独"这概念在刘宗周那里所经历的阶段性,因为这仅仅是刘宗周早年对"慎独"的阐释,是一种从静存的角度论证慎独的方式。到了晚年,刘宗周对"慎独"的认识又有了相当大的变化,崇祯十年(刘宗周60岁),他说:"道无分于动静,心无分于动静,则学亦无于动静。所云造化人事,皆以收敛为主,发散是不得已,正指独体边事。"③,在《答履思》第五封信中说得更明白,"慎独"即"致中和"。从这些论断中可看出,刘宗周后期对"慎独"有了更全面的认识和阐发。刘宗周把"中"解释为未发,属静;"和"解释为已发,属动。"慎独"既是"致中和",当然包括未发与已发、动与静。这样,所谓存养与省察的修养方法都自然地包括在"慎独"之中。至此,刘宗周"慎独"之说才得以形成完整的思想体系。而两年后,刘宗周反复研究《大学》后,提出了"诚意"思想,并解释了"诚意"与"慎独"的关系,才实现了"慎独"伦理思想体系的真正圆融。

以上,对"慎独"内涵发展所作的梳理,能更加明白如何完整地理解刘宗周说的"慎独"伦理思想。曾被刘宗周以"千秋大业"期许过的陈确是怎么理解老师的"慎独"之说呢?陈确说刘宗周"'慎独'二字,能起千百载以往既死之神圣贤人而复生之"④,也就是说,陈确理解刘宗周的"慎

---

① 刘宗周. 学言上 [M] //吴光. 刘宗周全集:第2册. 杭州:浙江古籍出版社,2007:372.
② 刘宗周. 会录 [M] //吴光. 刘宗周全集:第2册. 杭州:浙江古籍出版社,2007:517.
③ 刘汋. 蕺山刘子年谱 [M] //吴光. 刘宗周全集:第6册. 杭州:浙江古籍出版社,2007:120.
④ 书山阴语抄后 [M] //陈确. 陈确集. 北京:中华书局,1979:396-397.

独"是培养高尚道德和完善人格的极其有效的方式。由此，陈确提出了"素位之学"，他说："学者高谈性命，吾只与同志言素位之学……主忠信，好问察，谨独知，行素位，此十二字，确近日所欲清事者也。"① 陈确还用尧舜汤武周孔之所为论证他的素位之学，在"主忠信，好问察，谨独知，行素位"中，强调的是"行"，针对"学者惟不肯切实体验于日用事之间"② 强调切实工夫。所以，陈确的"素位之学"注重发展的是刘宗周"慎独"论中的道德修养工夫，与刘宗周后来强调的"慎独"既是"致中和"有所不同。所以，我们在理解陈确的"素位之学"时需特别注意其对刘宗周"慎独"学说的相关解释，虽有继承和发展，但也有所偏差。陈确对"慎独"道德修养的理解和阐释更符合其本意和社会实践的需要，比刘宗周更具体，更具有可操作性。

3. 黄宗羲对刘宗周"慎独"思想的继承与发展

黄宗羲（1610—1695），字太冲，号梨洲，浙江余姚人。黄宗羲是一位在学术史上"上宗王刘，下开二万"，具有继往开来意义的大学者，既承继于刘宗周的蕺山学派，又开新而创立清初浙东经史学派。黄宗羲一生以承继蕺山之学为己任，对于师门的承继主要有三个方面：一是编撰《子刘子行状》、编辑"刘子遗书"等，对刘氏学术加以总结、整理；二是通过自己的著述，在弘扬蕺山之学的同时努力创新，最终青出于蓝而胜于蓝；三是讲学于证人书院，使得刘宗周的思想学说得以传承和发展。

在刘宗周诸弟子中，黄宗羲是对师学理会最深、维护最多的弟子。其对于刘宗周思想的阐发最集中于《子刘子行状》和《孟子师说》，但两者相比较，又以《子刘子行状》一文更为系统。在此文中，黄宗羲对刘宗周学术脉络与实践精神作了清楚的梳理与阐发。他说："先生宗旨为'慎独'。始从主敬入门，中年专用慎独工夫……从严毅清苦之中，发为光风霁月，消息动静，步步实历而见。"同时，他将刘宗周不同于先儒之处总结为四

---

① 瞽言一·近言集［M］//陈确. 陈确集. 北京：中华书局，1979：429.
② 瞽言四·近言集［M］//陈确. 陈确集. 北京：中华书局，1979：470.

点:"静存之外无动察"、"意为心之所存,非所发"、"已发未发以表里对待言,不以前后际言"和"太极为万物之总名"。① 这样,以"慎独""诚意"为宗旨,以统合归一为特色,以深沉内敛为风格的蕺山学派特色就基本展现在了我们的面前。

黄宗羲对于师学几乎是继承多于创见,把最大的精力放在了对师学的解说和梳理上,他本人的心性之学与师学大同而小异。黄宗羲的哲学思想多是承袭刘宗周而来,如"盈天地皆心也"与"盈天地皆气也"两个自相抵牾的哲学,还有"尽天地间皆是理"等。黄宗羲说:"人禀是气以生,原具此实理,有所亏欠,便是不诚,而乾坤毁矣。"② 刘宗周认为,不应对概念、范畴问题作任何实际分析,因为这是徒劳无益的。对概念、范畴分析得越多,造成的混乱与分歧越大,如后儒对孔子之学分出许多对立的概念和范畴,像知与行、仁与义、气质之性与义理之性等,不仅没使孔子的一贯之"道"更加明晰,反而造成了理论上的模糊与分歧。所以,刘周宗的学说就是要把极为繁琐的概念、范畴等合而为一,这种哲学思想上的无差别的绝对同一正是刘宗周以"慎独"为宗学说的思想根源之一。

虽然在晚年期间,"慎独"已被刘宗周从属于"意",但这也不影响"慎独"作为其学术的旨归之所在。即使是已被刘宗周抽象上升为形而上学的实体"意"同样带有强烈道德意志的色彩。众所周知,"诚意"说出于《大学》,是指履行道德规范中真实无妄的心理状态,具有道德修养的意义。后经宋明儒学的发展,又赋予"诚意"各种各样的含义,其中最重要最具特色的就是刘宗周的"诚意"。刘宗周的"意"是抽象的至善的静存的道德本体,是心的主宰,必须把道德修养工夫再向内心深处推进,而且把这种道德修养工夫落在意志的坚定上。他希望人人树立起这种自觉的意向,与晚明社会危机和士大夫阶层的全面堕落有关。黄宗羲对刘宗周晚年所论的"慎独"从属于"意"的观点进行过多次分析比较,是很有必要的。

黄宗羲作为刘宗周事业最重要的继承者,在哲学思想、政治思想和历

---

① 黄宗羲. 子刘子行状 [M] //吴光. 刘宗周全集:第6册. 杭州:浙江古籍出版社,2007:39-42.

② 黄宗羲. 黄宗羲全集 [M]. 杭州:浙江古籍出版社,1985:112.

史思想的继承中蕴涵着伦理思想的继承与发扬。张灏先生曾指出：黄宗羲继承了刘宗周的那种内化超越意识并进一步发展，不但要落实于个人道德的实践，而且要植根于群体的政治社会生活，最终形成黄宗羲式的经世精神；黄宗羲思想中特有的高度批判意识，其结果不但是以师道与群道对抗，甚至完全突破纲常名教中所蕴含的宇宙神话，而提出有君不如无君的观念。①

三、刘宗周"慎独"伦理思想的现实意义

1. "慎独"修养论的现实意义

"慎独"在儒家思想中长久以来就是一种内省求诸己的道德修养方式，它以实现自己的人性目标为主要目的，要求返回到自身"反身而诚"，追求自我道德意识的觉悟，彰显自身存在的道德价值，实现自我在现实社会中的普遍意义。在儒家成人成圣的各种修养方法中，"慎独"是能否成就理想人格的重要修养方式，在任何社会现实中都要求塑造理想人格，这对现实社会的稳定发展都有着重要的意义。

当前，我们建构现代社会的一个必要条件就是塑造出能适应现代化发展的现代化的理想人格。在高科技时代，表面看上去，对人的能力素质要求最突出，但就长远的发展来看，高度的精神境界，一定的道德理想支撑才是确保社会和谐稳定的最重要的人的要素。传统儒家"慎独"修养方法的可贵之处正是在于它对道德自律的深刻认识与高度强调。所谓道德自律，当然不是靠外在强制而履行道德义务，而是人们经过自我反思后自愿自觉的结果。自律行为是对道德原则、道德规律的认识与尊重，其本身不是出于功利目的，不是为了得到周围人的好评而做出的。在任何社会中，人的自律意识都是社会道德水平的保障，一旦缺乏，社会的道德水平就会出现

---

① 张灏. 幽暗意识与民主传统 [M]. 北京：新星出版社，2010：56.

下滑现象。尤其是在现代社会中，人的自由权利不断扩大，生活的范围不断拓宽，个人自行决断的机会大大增加，更需具备高度的自律意识、自律精神。当然，在社会主义文明法制社会中，我们大多数人是能够自觉遵守道德规范的，但这仍不能排除一部分缺乏自律精神、爱任性而作的人。更有甚者，不用说自律"慎独"，就是在大庭广众之下也能肆意妄为。所以，充分发挥传统儒家"慎独"修养论中的自律精神在现代中的作用，也是我们当下值得尝试的一个方向。

　　刘宗周的"慎独"修养论不仅继承了儒家内圣外王的成圣理路，而且将儒家内圣之学发展到了极致。从内圣来讲，刘宗周创立了紧密精微的"意"体，他思想演变的过程也是他学问道德修养精进的过程。从外王来讲，刘宗周身心修养严毅清苦，终其一生安贫乐道，谨守礼义，临难以死殉国。这些都表明了刘宗周对儒家内圣外王之学的体验与运用。作为儒家至诚的修道者，刘宗周以一生的忠诚践履去实现人生的最高价值。内圣是道德自我完善的最高标准，外王是社会价值的最高标准。刘宗周的实际人生历程，有偏向内圣的一面，但同时也体现了儒家修齐治平的人生目的。所以无论从内圣还是从外王上看，刘宗周不失为儒家理想中人。具体于现代社会，刘宗周这种紧密精微的成圣理路是否存在现实意义，还在于我们对成德、为善的内在修养所具有的社会意义的认识。从某种意义上说，人性的发展与完善是现代社会安定与健康的重要因素，刘宗周"慎独"修养论的价值在于能为现代社会人性发展和完善提供一种可能，为现代人在自我修养过程中提升道德自觉性和价值理性提供一个前提。总的来说，我们可从挺立个体的道德人格、强化个体的道德践履中来挖掘刘宗周"慎独"修养论的现代意义，以道德实践中的个体的自律来维系和强化社会的精神文明建设。

　　此外，刘宗周的"静思改过"思想对现代人加强自我修养也有一定的参考价值。一个人的发展与完善是内在修养与外在表现共同作用的结果，那么，以什么来进行自我修养，最终习得自我的完善？一要靠服务自我，静思改过，在人生成长的各个阶段做出正确的选择；二要靠服务他人、服务社会，以实际行动付出有益于整个社会，获得道德上的社会认可。做一

第七章 刘宗周"慎独"伦理思想的历史地位及其影响 | 191

个有道德的人需要个体不断提升自我的道德自觉性和价值理性，而一个道德人的实现又对人们修德成善、安身立命甚至人文精神的弘扬都具有重要的内在价值。

当然，我们也要注意儒家"慎独"学说的局限性，因为"慎独"是一种易走向空谈的较主观的修养方法。刘少奇在《论共产党员的修养》一文中，有对传统儒家文化的继承和超越。其中，他总结点评道："一个人要求得到进步，就必须下苦功夫，郑重其事地去进行自我修养。古代许多人的所谓修养，大都是唯心的、形式的、抽象的、脱离社会实践的东西。他们片面夸大主观的作用，以为只要保持他们抽象的'善良之心'，就可以改变现实，改变社会和改变自己。这当然是虚妄。我们不能这样去修养。"① 刘少奇的这一段话，用来评价和客观认识刘宗周"慎独"修养论有重要意义。明崇祯皇帝多次问御敌治国之道，刘宗周多次奏疏劝皇帝修圣人之心以安民心安天下人之心则天下自然太平，"臣愿皇上以尧、舜之心行尧、舜之政，则天下太平"②，刘宗周不仅认为慎独是为学旨要，还提出了为政以德的关键也在于君王能操持"慎独"，"有天德然后可以语王道，其要在于慎独。故圣人之道，非事事而求之也。臣愿皇上视朝之暇，时近儒臣，听政之余，益披经史，日讲求二帝三王之学，求其独体而慎之，则中和位育庶几不远于此而得之"③。焦虑不堪的皇帝看到如此奏疏呈请之策，无实质内容策略可用，自然无心采纳，加之刘宗周还反对西方火器技术的引入运用等，皇帝称其"迂阔"也不为过。刘宗周以"慎独"涵盖本体工夫甚至用以修心证人、治国，这是夸大了其本意，但"慎独"作为传统儒家道德修养还是极具现实意义的。刘少奇在阐述共产党员应有的修养时，也专门指出了"慎独"这一条："即是他在个人在独立工作、无人监督、有做各种坏事的可能的时候，他能够'慎独'，不做任何坏事。"④ 他强调了古代有些

---

① 中共中央文献编辑委员会. 刘少奇选集：上卷［M］. 北京：人民出版社，1981：109.
② 刘汋. 蕺山刘子年谱［M］//吴光. 刘宗周全集：第6册. 杭州：浙江古籍出版社，2007：109.
③ 刘汋. 蕺山刘子年谱［M］//吴光. 刘宗周全集：第6册. 杭州：浙江古籍出版社，2007：111.
④ 中共中央文献编辑委员会. 刘少奇选集：上卷［M］. 北京：人民出版社，1981：133.

修养方式与社会实践的相背离是一个相当值得重视的问题。其实，刘宗周所倡导"慎独"修齐治平不被采纳，也是与当时明清社会转型动乱的社会实践相背离的。如何正确进行"慎独"修养呢？刘少奇强调，要"坚持马列主义的修养方法"，"切实将马列主义的普遍真理与具体的革命实践相结合"。这一方法，在当今仍然具有重要指导意义，是掌握马克思主义中国化的根本方法。中华人民共和国建立后，涌现出来的一批批道德模范，航空航天精神、两弹一星精神，到后来的抗震救灾精神、塞罕坝精神，到今天的女排精神、抗疫精神，体现了全国各民族各行业的团结精神的同时，也可以看出他们是经历了长期的"慎独"磨砺而得到体现和绽放的。因此，我们要在积极投身于社会主义建设的工作实践之中，来磨砺传统儒家慎独的修养方法，从而提高自己的道德修养；也就是在社会实践中时，将自身修养的提升与社会建设、国家发展紧密联系在一起。在人心浮躁的当今，"慎独"无疑是一种非常重要的道德修养方法，具有重要的现实意义。

2. "诚意"自律性的现实意义

刘宗周作为晚明大儒、理学（心学）的殿军，其核心的哲学思想是"慎独之说"，此外还提出了以道德自律为主旨的"诚意"理论，但是"诚意"理论的提出也是为"慎独"圆融而设的。刘宗周晚年62岁时主讲"诚意"，言"《大学》之道，诚意而已矣。诚意之功，慎独而已矣。意也者，至善之归宿之地，其为物不二，固曰独"。① 这里论证了"意"与"独"的关系及其至善性，二者紧密联系。儒家传统"诚意"思想和刘宗周思想中的独特创见的"诚意"，都具有推动个体修身自律的重要现实意义。

道德自律最早出自康德的伦理学，作为进步论者的康德认为，自由意志是人道德存在的前提和基础，而一个善的行为必须将道德法则表现为行为的真正动机。对于意志自律与他律问题，康德指出："意志自律是一切道德法则以及合乎这些法则的职责的独一无二的原则；与此相反，意愿的一

---

① 刘汋．蕺山刘子年谱［M］//吴光．刘宗周全集：第6册．杭州：浙江古籍出版社，2007：119．

切他律非但没有建立任何职责,反而与职责的原则,与意志的德性,相反对。"① 而对于意志的道德性,就有"合法性"与"道德性"之分,康德认为,一个契合道德法则的善的行为必须将道德法则"表象为行为的真正动机,否则虽然可以产生出行为的合法性,但并不能产生出意向的道德性来"。② 康德用道德自律来说明道德的本质,他认为人的内在动机的至善决定行为的道德性,应以理性原则来界定内在动机的善良。从这些概念分析来看,刘宗周的诚意独体、慎独修身、心意善恶论的阐发,《人谱》道德规范的谱系,都是以成人为目的,强调的都是以"慎独"为核心的道德自律问题,倡导把外在的道德要求转变为内心的道德意识并自觉践行,是典型的道德自律论者。

具体而言,刘宗周的"诚意"理论与其"慎独"学说比较起来能更充分体现出道德自律性特点。刘宗周"诚意"理论的目的就是在理论上着重强调心之道德主宰意义,使心作为道德行为至善的意志动机,成为指导个人行为的普遍的至善的准则。人的意念的发生常常来源于我们内心的道德心理意向。例如看比赛,如果参赛一方与我们有关,我们在观赛时会跟着有关的一方出现激动、沮丧等意念活动;如果参赛一方和我们无关,我们在观赛时就不会出现相关的意念和情绪。刘宗周的"诚意"则既是情感未曾发作的平静心理状态,也是道德意义上的不偏不倚,它的最终指向是好善恶恶。所以,"诚意"理论要求发挥道德自律的作用,从最初的"意根"做起是一切修养工夫的必然要求,最终使这个"意根"不偏不倚而止于至善,这也是刘宗周强调"诚意"的现实意义之所在。同时,在刘宗周"诚意"理论中还有一个特别重要的概念——"敬"。他认为"敬"是千圣相传的心法,只有做到"敬"才能达到"诚",至善的境界才会出现。这与康德对普遍法则的敬重心的强调有异曲同工之妙,行为的道德性在于对普遍道德法则充满敬畏,这样道德主体的活动才具有真正道德自律的性质。

所以,我们说"心之所存"和"至善之所止"是刘宗周的"诚意"具

---

① 康德. 实践理性批判 [M]. 北京:商务印书馆,1960:34.
② 转引自窦志强. 刘宗周"诚意"理论的自律性 [J]. 山东医科大学学报(社会科学版),2000(3):46-49.

有意志动机性质的表现,是不与感性相杂的意志与理性合一。刘宗周强调用"诚意"工夫消除私欲对"意根"的蒙蔽,以此保证行为的道德性和正确性。这样,刘宗周的"诚意"就是一个具有了善良意志的且具有普遍道德性的道德主体,其自律性的伦理学特点也就更加突出。刘宗周的一生是追寻道德完美的一生,其生命轨迹从未离开道德实践的路径。在政治上,他倡导道德治国,要求为官要坚守"六廉";生活上,他严毅清苦,品行高峻,讲气节,重操守。刘宗周一生的践履就是对其晚年"诚意"学说最有力的说明,让人高山仰止,倍加钦服。最终,他以绝食殉国为其一生的操守和学问画上了一个悲壮而圆满的句号。

参考文献

一、文献著作

A

爱新觉罗·胤禛. 大义觉迷录［M］. 张万钧, 薛予生, 编译. 北京: 中国城市出版社, 1999.

B

包尔生. 伦理学体系［M］. 何怀宏, 廖申白, 译. 北京: 中国社会科学出版社, 1988.

包筠雅. 功过格——明清社会的道德秩序［M］. 杜正贞, 张林, 译. 赵世瑜, 校. 杭州: 浙江人民出版社, 1999.

C

程颢, 程颐. 二程集·河南程氏遗书（卷二十五）［M］. 北京: 中华书局, 1981.

陈确. 陈确集［M］. 北京: 中华书局, 1979.

蔡元培. 中国伦理学史［M］. 北京: 中华书局, 2010.

陈来. 中国近世思想史研究［M］. 上海: 商务印书馆, 2003.

陈来. 宋明理学［M］. 2版. 上海: 华东师范大学出版社, 2004.

陈永革. 儒学名臣——刘宗周传［M］. 杭州: 浙江人民出版社, 2005.

陈来. 有无之境——王阳明哲学的精神［M］. 北京: 人民出版社, 1991.

陈瑛. 中国伦理思想史 [M]. 长沙：湖南教育出版社，2004.

陈祖武. 清初学术思辨录 [M]. 北京：中国社会科学出版社 1992.

陈谷嘉. 清代理学伦理思想研究 [M]. 长沙：湖南大学出版社，2004.

陈畅. 自然与政教——刘宗周慎独学研究 [M]. 上海：上海人民出版社，2016.

陈淳. 北溪字义 [M]. 北京：中华书局，1983.

陈福滨. 晚明理学思想通论 [M]. 台北：环球书局，1984.

陈义海. 明清之际：异质文化交流的一种范式 [M]. 南京：江苏教育出版社，2007.

D

David Johnson. Anderew J. Nathan, ed., Popular Culture in Late Imperial China, Berkeley: University of California Press, 1985.

董平. 浙江思想学术史：从王充到王国维 [M]. 北京：中国社会科学出版社，2005.

董平. 浙东学术 [M]. 杭州：浙江大学出版社，2009.

东方朔. 刘宗周评传 [M]. 南京：南京大学出版社，2011.

东方朔. 刘蕺山哲学研究 [M]. 上海：上海人民出版社，1997.

杜维明，东方朔. 杜维明学术专题访谈录——宗周哲学之精神 [M]. 上海：复旦大学出版社，2001.

岛田虔次. 朱子学与阳明学 [M]. 蒋国保，译. 西安：陕西师范大学出版社，1986.

邓名瑛. 寻找生命之真——明代心学的本体追求 [M]. 长沙：湖南师范大学出版社，1997.

F

弗兰克纳. 伦理学 [M]. 关键，译. 北京：三联书店，1987.

冯友兰. 中国哲学史新编 [M]. 北京：人民出版社，1989.

冯贤亮. 河山有誓：明清之际江南士人的生活世界 [M]. 上海：复旦大学出版社，2019.

G

古清美．明代理学论文集［M］．台北：台北大安出版社，1990．

高海波．慎独与诚意：刘蕺山哲学思想研究［M］．北京：生活·读书·新知三联书店，2016．

冈田武彦．王阳明与明末儒学［M］．吴光，等，译．上海：上海古籍出版社，2000．

沟口雄三．中国前近代思想的演变［M］．北京：中华书局，1997．

H

黄宗羲．黄宗羲全集（十二册）［M］．杭州：浙江古籍出版社，1985 - 1994．

黄宗羲．明儒学案（二册）［M］．北京：中华书局，1985．

黄宗羲．黄梨洲文集［M］．北京：中华书局，1959．

何心隐．何心隐集［M］．北京：中华书局，1960．

黄仁宇．万历十五年［M］．北京：中华书局，1982．

黑格尔，哲学史讲演录［M］．北京：商务印书馆，1983．

侯外庐，邱汉生，张岂之．宋明理学史［M］．北京：人民出版社，1987．

黄敏浩．刘宗周及其慎独哲学［M］．台北：台湾学生书局，2001．

黄颂杰．西方哲学多维透视［M］．上海：上海人民出版社，2002．

何俊．西学与晚明思想的裂变［M］．上海：上海人民出版社，1998．

胡宏．胡宏集［M］．北京：中华书局，1987．

黑格尔．哲学史讲演录［M］．贺麟，王太庆，译．台北：谷风出版社，1987．

海德格尔．存在与时间［M］．王庆节，陈嘉映，译．台北：桂冠图书公司，1998．

胡元玲．刘宗周及慎独之学阐微［M］．台北：台湾学生书局，2009．

韩思艺．罪过之辩到克罪改过之道：以《七克》与《人谱》为中心［M］．北京：中国社会科学出版社，2012．

胡孚琛,吕锡琛. 道学通论——道家道教仙学 [M]. 北京:社会科学文献出版社,1999.

黄海波. 明清实学经济伦理思想研究. [M]. 昆明:云南大学出版社,2007.

J

计六奇. 明季北略 [M]. 北京:中华书局,1984.

蒋国柱,朱葵菊. 论人·人性 [M]. 北京:海洋出版社,1988.

姜国柱. 中国思想通史. 明代卷 [M]. 武汉:武汉大学出版社,2011.

金观涛,刘青峰. 中国思想史十讲 [M]. 北京:法律出版社,2015.

贾庆军. 黄宗羲的天人之辨 [M]. 北京:中国社会科学出版社,2014.

K

康德. 实践理性批判 [M]. 北京:商务印书馆,1960.

L

刘宗周. 刘宗周全集·刘子全书 [M]. 杭州:浙江古籍出版社,2007.

刘宗周. 人谱:文渊阁四库全书. 子部 [M]. 台北:台湾商务印书馆,1997.

陆九渊. 陆九渊集 [M]. 北京:中华书局,1980.

陆九渊. 象山语录(卷二)[M]. 杨国荣,导读. 上海:上海古籍出版社,2000.

吕坤. 列传·明史 [M]. 北京:中华书局,2000.

罗钦顺. 困知记 [M]. 北京:中华书局,2013.

梁启超. 清代学术概论 [M]. 北京:中国人民大学出版社,2004.

梁启超. 中国近三百年学术史 [M]. 北京:东方出版社,1996.

梁绍辉. 太极图说通书义解 [M]. 海口:海南出版社,三环出版社,1991.

劳思光. 新编中国哲学史 [M]. 桂林:广西师范大学出版社,2005.

罗国杰. 伦理学 [M]. 北京:人民出版社,2014.

李泽厚. 中国古代思想史论 [M]. 北京:生活·读书·新知三联书

店，2008.

李振纲．证人之境——刘宗周哲学的宗旨［M］．北京：人民出版社，2002.

李振纲．中国古代哲学史论［M］．北京：中国社会科学出版社，2004.

李建华．道德情感论——当代中国道德建设的一种视角［M］．北京：北京大学出版社，2011.

李建华．道德秩序［M］．长沙：湖南人民出版社，2011.

李明友．一本万殊——黄宗羲的哲学与哲学史观［M］．北京：人民出版社，1994.

李书增．中国明代哲学［M］．郑州：河南人民出版社，2002.

廖俊裕．道德实践与历史性：关于蕺山学的讨论［M］台北：花木兰文化出版社，2008.

李青云．刘宗周政治思想研究：以儒家君臣观为中心［M］．北京：金城出版社，2019.

刘永青．情礼之间——论明清之际的理学转向［M］．北京：人民出版社，2014.

路新生．中国近三百年疑古思潮研究［M］．上海：上海人民出版社2001.

林庆彰，蒋秋华．明代经学国际研讨会论文集［C］．台北："中央研究院"中国文哲研究所筹备处，1996.

刘尉华，赵中正．中国儒家学术思想史［M］．济南：山东教育出版社，1996.

里克尔．恶的象征［M］．翁绍君，译．台北：桂冠图书公司，1992.

M

牟宗三．哲学十九讲［M］．上海：上海古籍出版社，2005.

牟宗三．从陆象山到刘蕺山［M］．上海：上海古籍出版社，2001.

牟宗三．心体与性体［M］．上海：上海古籍出版社，2001.

牟宗三．宋明儒学的问题与发展［M］．上海：华东师范大学出版社，2004．

蒙培元．理学的演变［M］．福州：福建人民出版社，1984．

蒙培元．理学范畴系统［M］．北京：人民出版社，1998．

孟森．明史讲义［M］．北京：中华书局，2009．

N

倪愫襄．善恶论［M］．武汉：武汉大学出版社，2001．

P

潘富恩，徐余庆．程颢程颐理学思想研究［M］．上海：复旦大学出版社，1981．

彭国翔．良知学的展开——王龙溪与中晚明的阳明学［M］．北京：三联书店，2005．

Q

钱穆．中国近三百年学术史［M］．北京：商务印书馆，1997．

钱玄，钱兴奇，徐克谦，等．礼记［M］．长沙：岳麓书社，2001．

秋月胤继．元明时代の儒教［M］．甲子社书房，1928．

全祖望．鲒埼亭集［M］．上海：上海古籍出版社，2002．

R

容肇祖．明代思想史［M］．上海：开明书店，1942．

任继愈．中国道教史［M］．北京：中国社会科学出版社，2001．

任继愈．中国哲学发展史［M］．北京：人民出版社，1983．

任延黎．中国天主教基础知识［M］北京：宗教文化出版社，1999．

S

邵雍．邵雍集［M］．郭彧，整理．北京：中华书局，2010．

苏德用．刘蕺山黄梨洲学案合辑［M］．台北：正中书局，1954．

史革新．清代理学史［M］．广州：广东教育出版社，2007．

萨达提沙．佛教伦理学［M］．姚治华，王晓红，译．贵阳：贵州大学出版社，2013．

孙宝山，游宾. 明清儒学比较研究：黄宗羲与阳明学［M］. 北京：宗教文化出版社，2014.

申淑华. 素位之学——陈乾初哲学思想研究［M］. 北京：中国社会科学出版社，2012.

森正夫，野口铁郎，等. 明清时代史的基本问题［M］. 太原：山西人民出版社，2014.

三浦藤作. 中国伦理学史［M］. 张宗元，林科棠，译. 北京：商务印书馆，2015.

T

唐君毅. 中国哲学原论（原性篇）［M］. 香港：香港新亚研究所，1975.

唐君毅. 中国哲学原论（原道篇）［M］. 香港：香港新亚研究所，1975.

唐君毅. 中国哲学原论（原教篇）［M］. 香港：香港新亚研究所，1975.

唐凯麟. 伦理学［M］. 北京：高等教育出版社，2001.

唐凯麟，彭定光. 中华民族道德生活史（明清卷）［M］. 上海：东方出版中心，2015.

唐凯麟，张怀承. 成仁与成圣——儒家伦理道德精粹［M］. 长沙：湖南大学出版社，1999.

谭丕谟. 宋元明清思想史纲［M］. 武汉：崇文书局，2015.

汤建荣. 陈乾初哲学研究——以工夫实践为视阈［M］. 昆明：云南大学出版社，2010.

Tu wei-ming. Subjectivity in Liu Tsung-chou's Philosophical Anthropology. Individualism and Holism：Studies in Confucian and Taoist Values. ed by Donald Munro. The University of Michigan Press，1985.

W

王阳明. 传习录［M］. 南京：江苏古籍出版社，2001.

王守仁. 王阳明全集（二册）[M]. 吴光，钱明，董平，等，编校. 上海：上海古籍出版社，2011.

王国良. 明清时期儒学核心价值的转换 [M]. 合肥：安徽大学出版社，2002.

王瑞昌. 陈确评传 [M]. 南京：南京大学出版社，2002.

吴震. 阳明后学的研究 [M]. 上海：上海人民出版社，2003.

吴震. 明末清初劝善运动思想 [M]. 台北：台大出版社，2009.

吴光. 阳明学研究 [M]. 上海：上海古籍出版社，2000.

吴光. 黄宗羲与清代浙东学案 [M]. 北京：中国人民大学出版社，2009.

吴潜涛. 中国化马克思主义伦理思想研究 [M]. 北京：中国人民大学出版社，2015.

王汎森. 晚明清初思想十论 [M]. 上海：复旦大学出版社，2004.

王俊义. 清代学术探研录 [M]. 北京：中国社会科学出版社，2002.

魏义霞. 理学与启蒙——宋元明清道德哲学研究 [M]. 北京：商务印书馆，2009.

温蓝枫. 明清之际中国思潮 [M]. 济南：山东科技出版社，2017.

X

夏咸淳. 晚明士风与文学 [M]. 北京：中国社会科学出版社，1994.

谢国桢. 明清之际党社运动考 [M]. 北京：中华书局，1982.

小野泽精一，福永光司，山井涌. 气的思想——中国自然观和人的观念的发展 [M]. 李庆，译. 上海：上海人民出版社，1999.

萧萐父，许苏民. 明清启蒙学术流变 [M]. 沈阳：辽宁教育出版社，1995.

Y

亚里士多德. 尼各马可伦理学 [M]. 廖申白，译. 北京：社会科学文献出版社，2006.

姚才刚. 大家精要：刘宗周 [M]. 西安：陕西师范大学出版社，2017.

姚明达．刘宗周年谱［M］．北京：商务印书馆，1934.

杨国荣．心学之思——王阳明哲学的阐释［M］．上海：三联书店，1997.

杨国荣．王学通论——从王阳明到熊十力［M］．上海：华东师范大学出版社，2003.

袁了凡．了凡四训［M］．慈云法师，讲解．北京：新世界出版社，2004.

余英时．历史与思想［M］．台北：台北联经出版事业公司，1987.

余英时．现代儒学的回顾与展望［M］．北京：生活·读书·新知三联书店，2004.

余群．刘宗周思想研究［M］．上海：上海人民出版社，2020.

于化民．明中晚期理学的对峙与合流［M］．北京：文津出版社，1993.

宇野哲人．中国近世儒学史［M］．马福辰，译．台北：文化大学出版部，1992.

圆持．佛教伦理［M］．北京：东方出版社2009.

原信太郎．劉宗周における「改过」の實踐［M］//早稻田大学大学院文学研究科．早稻田大学大学院文学研究科纪要：第1分册，2014.

Z

周敦颐．周敦颐集［M］．北京：中华书局，1990.

张载．张载集［M］．北京：中华书局，1978.

朱熹．四书集注［M］．长沙：岳麓书社，1985.

朱熹．四书章句集注［M］．北京：中华书局，2011

朱熹．朱子语类（四册）［M］．长沙：岳麓书社，1997.

张履祥．杨园先生全集［M］．北京：中华书局，2002.

张廷玉．明史［M］．北京：中华书局，1984.

张岱年．中国伦理思想研究［M］．南京：江苏教育出版社，2000.

衷尔钜．蕺山学派哲学思想［M］．济南：山东教育出版社，1993.

朱贻庭．伦理学大辞典［M］．上海：上海辞书出版社，2002.

朱贻庭. 中国传统伦理思想史[M]. 上海：华东师范大学出版社, 2004.

朱贻庭. 中国传统道德哲学6辨[M]. 上海：文汇出版社, 2017.

朱汉民. 圣王理想的幻灭——伦理观念与中国政治[M]. 长春：吉林教育出版社, 1990.

朱汉民. 宋明理学通论——一种文化学的阐释[M]. 长沙：湖南教育出版社, 2000.

朱汉民, 肖永明. 旷世大儒——朱熹[M]. 石家庄：河北人民出版社, 2001.

周怀宇. 廉吏传[M]. 郑州：河南人民出版社, 1991.

张立文. 走向心学之路——陆象山思想的足迹[M]. 北京：中华书局, 1992.

张立文. 朱熹思想研究[M]. 北京：中国社会科学出版社, 1981.

张荣明. 道儒佛思想与中国传统文化[M]. 上海：上海人民出版社, 1994.

张君劢. 新儒家思想史[M]. 北京：中国人民大学出版社, 2001.

张灏. 幽暗意识与民主传统[M]. 北京：新星出版社, 2010.

张天杰. 蕺山学派与明清学术转型[M]. 北京：中国社会科学出版社, 2014.

张瑞涛. 心体与工夫：刘宗周《人谱》哲学思想研究[M]. 北京：人民出版社, 2014.

章学诚. 文史通义[M]. 北京：中华书局, 1985.

詹海云. 清代学术论文集[M]. 北京：文津出版社 1992.

郑宗义. 明清儒学转型探析——从刘蕺山到戴东原[M]. 香港：香港中文大学出版社, 2000.

郑志明. 中国善书与宗教[M]. 台北：台湾学生书局, 1984.

钟彩钧. 刘蕺山学术思想论集[C]. 台北："中央研究院"中国文哲研究所筹备处, 1998.

周怀宇. 廉吏传[M]. 郑州：河南人民出版社, 1987.

赵园. 明清之际士大夫研究［M］. 北京：北京大学出版社，2009.

中共中央文献编辑委员会. 刘少奇选集：上卷［M］. 北京：人民出版社，1981.

二、期刊论文

B

鲍博. 简论刘宗周的心性思想［J］. 孔子研究，1988（4）.

步近智. 刘宗周的思想矛盾和"慎独""敬诚"之说［J］. 中国哲学史，1986（8）.

C

陈祖武. 蕺山南学与夏峰北学［J］. 中国社会科学院研究生院学报，1998（5）.

曹树明. 刘蕺山的慎独论［J］. 河北科技大学学报，2004（1）.

崔大华. 刘蕺山与明代理学的基本走向［J］. 中洲学刊，1997（3）.

陈郁夫. 刘蕺山与黄梨州对禅佛的批评［J］. 国文学报，1988年（17）.

陈寒鸣. 刘宗周与晚明儒学［J］. 中国哲学，2000（9）.

蔡仁厚. 宋明理学的殿军——刘宗周［J］. 中国文化月刊，1995（3）.

D

董平. 论刘宗周心学的理论构成［J］. 孔子研究，1991（4）.

杜维明. 宋明儒学的中心课题［J］. 天府新论，1996（2）.

杜维明，东方朔. 刘宗周《人谱》的道德精神境界——杜维明教授访谈［J］. 学术月刊，2001（7）.

窦志强. 刘宗周"诚意"理论的自律性［J］. 山东医科大学学报（社会科学版），2000（3）.

F

傅振照. 刘宗周小考［J］. 浙江学刊，1989（3）.

方同义. 刘宗周与黄宗羲政治哲学比较［J］. 中国哲学与哲学史，1996

（12）.

傅小凡. 论刘宗周的自我观［J］. 厦门大学学报, 2000（3）.

高海波. 刘宗周对阳明四句教的批评［J］. 中国哲学史, 2014（3）.

G

古清美. 刘蕺山的儒释之辨［J］. 佛学研究中心学报, 1997（2）.

古清美. 刘蕺山对周濂溪诚体思想的开展及其慎独之学［J］. 幼狮学志, 1986（2）.

谷瑞照. 刘蕺山慎独小识［J］. 文艺复兴月刊, 1974（5）.

郭震旦. 晚明空疏学风与实学思潮［J］. 枣庄师范专科学校学报, 2004（3）.

H

何俊. 刘宗周《人谱》析论［J］. 中国哲学史, 1998（1）.

何俊. 论东林对阳明学的纠弹［J］. 浙江大学学报, 2000（4）.

洪波. 论蕺山学派对王学的师承与嬗变［J］. 浙江月刊, 1995（4）.

贺严. 走进硕儒心宅——《证人之境——刘宗周哲学的宗旨》评介［J］. 燕山大学学报（哲学社会科学版）, 2001（3）.

胡栋材. 黄宗羲对宋明儒学传统的调适与转进［J］. 贵州大学学报（社会科学版）, 2014（6）.

J

甲凯. 刘蕺山的慎独之学［J］. "中央"月刊, 1973（5）.

L

罗国杰. 刘宗周慎独思想及其在道德修养上的重要意义［J］. 齐鲁学刊, 2013（1）.

李振纲. 象山心学与朱陆之辩［J］. 河北大学学报, 2004,（4）.

李振纲. 论蕺山之学的定性与定位［J］. 河北大学学报, 1999（1）.

李振纲. 心体的重建与理学的终结——兼论蕺山学逻辑向度与历史向度的离异［J］. 现代哲学, 2004（4）.

李振刚. 道德理性本体的重建——蕺山哲学论纲［J］. 哲学研究, 1999

(1).

李兵，袁建辉．刘蕺山"中和观"探微［J］．船山学刊，2002（2）．

李兵，袁建辉．"理气论"在刘宗周思想中的地位［J］．船山学刊，2000（4）．

李明辉．刘蕺山对朱子理气论的批判［J］．汉学研究，2001（2）．

李明友．黄宗羲与陈确的性论比较——析《与陈乾初论学书》［J］．宁波大学学报（教育科学版）1994（1）．

李兴源．刘蕺山"诚意之学"探析［J］．中国国学，1989（17）．

鲁芳．儒家"诚"的起源［J］．伦理学，2004（11）．

林月惠．刘蕺山"慎独之学"的建构：以《中庸》首章的诠释为中心［J］．台湾哲学研究，2004（4）．

林安梧．论刘蕺山哲学中"善之意向性"——以"答董标心意十问"为核心的展开［J］．"国立"编译馆馆刊，1990（1）．

林振吉．儒家的诚信思想及其现代价值［J］．伦理学，2004（2）．

林乐昌．王阳明诚意说的伦理哲学特质［J］．伦理学，1996（1）．

廖名春．"慎独"本义新证［J］．学术月刊，2004（8）．

刘述先．理学殿军——黄宗羲［J］．浙江学刊，1995（5）．

刘浩．论黄宗羲政治伦理思想的历史定位［J］．伦理学研究，2012（2）．

刘哲浩．刘蕺山之性有无善恶论［J］．哲学与文化，1984年（3）．

M

马振铎．王学的罅漏和刘宗周对王学的补救［J］．浙江学刊，1992（3）．

N

难波征男．劉宗周思想における「微（妄）」の発見［J］．九州島中國學會報，2011（49）．

P

庞万里．刘宗周的实学思想［J］．北京航空航天大学社会科学学报，

1994（1）.

S

少翁. 气节凛然的刘宗周［J］. 浙江月刊，1976（2）.

沈善洪，钱明. 从王阳明到黄宗羲［J］. 浙江学刊，1987（1）.

苏洁，廖桂芳. 刘宗周认识论与主体人格的自我观［J］. 重庆工学院学报，2005（6）.

T

陶清. 性学：晚明思潮演衍的一个纽结——兼论刘宗周性学思想的理论得失［J］. 江淮论坛，2003（2）.

谭雄毅，黄会波. 陈确的人性论探析［J］. 齐齐哈尔大学学报（哲学社会科学版），2007（5）.

W

王瑞昌. 刘蕺山"虚无"思想略论［J］. 北京行政学院学报，2000（1）.

王瑞昌. 刘蕺山格物致知说析论［J］. 中国哲学史，2002（2）.

王瑞昌. 论刘蕺山的无善无恶思想［J］. 孔子研究，2000（6）.

王凤贤. 评刘宗周对理学传统观念的修正［J］. 孔子研究. 1991（12）.

汪学群. 陈确的性善论［J］. 江南大学学报（人文社会科学版），2011（5）.

X

辛锡. 刘宗周学术讨论会述要［J］. 浙江月刊，1989（2）.

夏瑰琦. 从孟子师说看黄宗羲的唯心主义思想［J］. 中国哲学史研究，1989（36）.

许珠武. 海峡两岸刘蕺山思想研究综述［J］. 中国文哲研究通讯，2001（4）.

徐海松. 论黄宗羲与徐光启和刘宗周的西学观［J］. 杭州师范大学学报，1997（4）.

Y

姚才刚．传统儒家慎独学说浅议［J］．求索，1999（5）．

姚才刚．论刘蕺山对王学的修正［J］．武汉大学学报，2000（6）．

姚才刚．试论明末清初的王学修正运动［J］．湖北行政学院院报，2004（5）．

杨国荣．刘宗周思想的历史地位［J］．中国哲学史，1996（4）．

杨国荣．晚明王学演变的一个环节——论刘宗周对"意"的考察［J］．浙江学刊（双月刊），1988（4）．

Z

早坂俊广．劉宗周における意と知：史孝復との論争から［J］．東洋古典学研究，2018，10（46）．

衷尔钜．"即物求知""离物求知"——论蕺山学派的认识论［J］．浙江学刊（双月刊），1988（4）．

衷尔钜．蕺山学派的慎独学说［J］．文史哲，1986（3）．

衷尔钜．论高攀龙与刘宗周哲学思想之异同［J］．中州学刊，1986（3）．

衷尔钜．黄道周与刘宗周哲学思想比较［J］．中国哲学史，1990（3）．

衷尔钜．论陈确及其哲学思想［J］．甘肃社会科学，1992（1）．

朱义禄．论刘宗周的唯意志论——兼论阳明心学的终结［J］．中国哲学，2001（1）．

张岂之．论蕺山学派的若干问题［J］．西北大学学报，1980（4）．

张学智．论刘宗周的"意"［J］．哲学研究，1993（9）．

张学智．论刘蕺山"慎独"之学［J］．中国文化月刊，1993（9）．

张践．刘宗周"慎独"哲学初探［J］．中国哲学史，1986（4）．

张立文．刘宗周慎独诚意的修己之学［J］．江南大学学报，2012（2）．

张怀承．蕺山心论及其对传统心学的总结［J］．中国文化月刊，1996（3）．

张永隽．明末大儒刘宗周之人生价值观——从"敬身以孝"以释之

[J].哲学与文化,1991（2）.

赵园.《人谱》与儒家道德伦理秩序的建构［J］河北学刊,2006（1）.

赵园.刘门师弟子——关于明清之际的一组人物［J］.新国学研究,2005.

张瑞涛."工夫用到无可着力处,方是真工夫":明儒刘宗周"学凡三变"阐微［J］.国学学刊,2014（1）.

张瑞涛.刘宗周《人谱》"过（恶）"思想新论［J］.中国哲学史,2013（1）.

张瑞涛.刘宗周《人谱》研究回顾与展望［J］.宁波大学学报（人文科学版）,2013（1）.

三、学位论文

C

蔡瑞雪.从性善到性全:陈确人性论辨析［D］.西安:陕西师范大学,2011.

陈畅.刘宗周性学思想研究［D］.广州:中山大学,2007.

陈建明.从《人谱》看刘蕺山之存理遏欲［D］.嘉义:台湾中正大学,2005.

陈立骧.刘蕺山哲学思想研究［D］.台南:成功大学,2003.

陈美玲.刘蕺山道德抉择论研究［D］.新北:辅仁大学,2004.

陈玉嘉.刘蕺山诚意之学研究［D］.嘉义:台湾中正大学,1998.

H

黄敦兵.黄宗羲伦理思想研究［D］.武汉:武汉大学,2008.

L

雷静.刘蕺山政治思想研究——信任品性及其制度化的分治纲领［D］.广州:中山大学,2007.

李红.刘宗周"诚意"道德论探析［D］.石家庄:河北师范大

学，2007.

李江波. 陈确心性修养理论探析［D］. 石家庄：河北师范大学，2009.

李训昌. 心即气：黄宗羲哲学思想研究［D］. 天津：南开大学，2013.

廖俊裕. 道德实践与历史性：关于蕺山学的讨论［D］. 嘉义：台湾中正大学，2003.

林炳文. 刘蕺山的慎独之学之研究［D］. 台北：文化大学，1990.

林宏星. 刘蕺山哲学研究［D］. 上海：复旦大学，1995.

刘浩. 黄宗羲政治伦理思想研究［D］. 长沙：湖南师范大学，2012.

刘敏. 黄宗羲在《明儒学案》中的哲学思想［D］. 北京：北京大学，1988.

刘文. 黄宗羲人性论思想研究［D］. 武汉：武汉大学，2007.

N

聂红敏. 从陈确哲学看清初理学转向［D］. 北京：北京师范大学，2008.

T

佟雷. 由《明儒学案》观黄宗羲对心学的继承和发展［D］. 大连：辽宁大学，2011.

W

王涵青. 刘蕺山对王学的反思与批判之研究［D］. 新北：辅仁大学，2003.

王瑞昌. 刘蕺山理学思想研究［D］. 北京：北京大学，1997.

王晓丽. 论黄宗羲的理想人格［D］. 武汉：武汉大学，2008.

吴保传. 社会与学术：黄宗羲与明清学术思想史的转型［D］. 西安：西北大学，2010.

吴幸姬. 刘蕺山的气论思想——从本体宇宙论的进路谈起［D］. 嘉义：台湾中正大学，2001.

X

辛鑫. 论黄宗羲对阳明学及其后学的继承与发展［D］. 保定：河北大

学，2014.

徐成俊. 刘蕺山"慎独"说及其道德形而上学基础之研究 [D]. 台北：台湾大学，1990.

Y

允春喜. 黄宗羲民本思想研究 [D]. 长春：吉林大学，2008.

Z

曾锦坤. 刘蕺山思想研究 [D]. 台北：台湾师范大学，1983.

詹海云. 刘蕺山的生平及其学术思想 [D]. 台北：台湾大学，1979.

张瑞涛. 刘蕺山《人谱》的哲学思想 [D]. 北京：中国人民大学，2011.

张万鸿. 从刘蕺山评议先儒管窥其慎独之学 [D]. 香港：新亚研究所，1995.

张永忠. 对贤救世——黄宗羲政治哲学思想研究 [D]. 上海：复旦大学，2005.

庄湉芬. 王阳明与刘蕺山工夫论之比较 [D]. 台北：台湾师范大学，1993.

后 记

记得十年前，当读到陈荣捷先生一本书后记中的"写作唱传宁少睡，梦也周程朱陆王"这句诗时，心中敬仰至极，也有些感同身受。选择研究刘宗周，源于李建华教授的指引。当我阅读到牟宗三先生的《从陆象山到刘蕺山》序文"夫宋明儒学要是先秦儒家之嫡系，中国文化生命之纲脉。随时表而出之，是学问，亦是生命。自刘蕺山绝食而死后，此学随明亡而亦亡。自此以后入清，中国之民族生命与文化生命遭受重大之曲折，因而遂陷于劫运"，内心震撼，充满了好奇和疑惑，再继续往下研究，就愈发明确了自己选择研究刘宗周的"慎独"伦理思想。

刘宗周的著作着实不易懂，思想体系庞大深邃。从刘宗周与阳明后学陶奭龄的辩论开始，追溯到他对程朱陆王两大学派的融合总结，还要深究他辟佛老、斥西学的主旨和义理，由他的慎独诚意为核心的哲学伦理思想再了解他的政治伦理思想，理解他挽救世风学风的初衷和坚守，最后再跟着他回到先秦儒家元典中。如此一来，通过研究刘宗周的思想学说，又弥补和深化了我对中国传统伦理思想史理论精髓的理解。

还记得那时候读杜维明先生的著作，了解到他浸润蕺山之学数十年，在哈佛大学专门设置了"刘宗周思想研究"的课程，讲了十多年却迟迟没有出专著时，心中十分钦佩，由衷赞叹先生治学严谨的态度，是我辈一定要好好学习的。虽然博士论文成稿于2013年3月，但我审视自己的写作初衷和目的，那时并没有深入理解研究对象的生活环境、历史背景和为学心境。认识到这些不足和欠缺更是让我不急于写作出版，多次对文稿进行了修订，出版书作这件事搁置了很长时间。

从 2016 年担任长沙学院马克思主义学院教师工作以来，除了日常教学、赛课、研讨工作外，还跟几位青年老师和学生们一起成立了学校"青年马克思主义学习研究协会"社团，举办系列活动，共同营造积极活跃的校园学习氛围。通过对马克思主义中国化理论的研究和宣讲，及时跟上了习近平新时代中国特色社会社会主义思想的理论内容，而刘宗周思想的接续研究是我内心一直想完成的事，我应深度思考中国传统文化与马克思主义理论相结合的创造性转化和创新性发展问题。经过多年的工作实践，2020 年对博士论文进行了再次修订，并拟定稿出版。

2021 年 7 月，我工作调动至长沙师范学院马克思主义学院执教，并担任学院的中国传统文化中心教育研究中心执行主任，这里提供了将传统文化与马克思主义结合的产学研平台。又正值出版社给出最后的时限要求，诚惶诚恐之下，终于将此书定稿付梓。作为自己十余年学习研究的一个小结，错漏在所难免，期盼广大读者指正。

在本书的写作期间，要感谢我的博士生导师李建华教授、博士后导师唐凯麟教授，两位导师在百忙之中多次指导解惑，才使得此书能最终成稿。也感谢针对此书稿给予指导和协助的众位导师、同事、学院领导、以及陪伴和支持我的家人们！

陈睿瑜

2013 年 3 月 1 日初稿写于岳麓山下

2021 年 11 月 1 日终定稿于松雅湖畔